# 考虑环境流量的
# 水库调度研究
## ——以阿富汗哈里罗德河流域为例

## Reservoir Operation Considering Environmental Flows

[ 阿富汗 ] Said Shakib Atef　著

任明磊　王刚　赵丽平　喻海军　姜晓明　王帆　译

中国水利水电出版社
www.waterpub.com.cn
·北京·

## 内 容 提 要

本书面向健康河流生态系统的环境流量需求，以哈里罗德河流域为例开展了多种环境流量定量评估方法的比较分析研究，以及水库调度情景方案模拟分析。主要内容包括：环境流量量化方法研究进展，水文学法、水力学法、栖息地模拟法等的介绍，不同环境流量评估方法在哈里罗德河流域应用结果比较分析，考虑环境流量的水库调度模拟及多目标调度研究等。

本书可供水利、环境工程领域管理、科研、技术人员参考，也可供高等院校、科研院所相关专业的师生参考。

## 图书在版编目（CIP）数据

考虑环境流量的水库调度研究 ：以阿富汗哈里罗德河流域为例 ／（阿富汗）赛德•沙基布•阿特夫著 ；任明磊等译. -- 北京 ：中国水利水电出版社，2021.10
书名原文： Reservoir Operation Considering Environmental Flows
ISBN 978-7-5226-0158-8

Ⅰ．①考… Ⅱ．①赛… ②任… Ⅲ．①水库调度—研究—阿富汗 Ⅳ．①TV697.1

中国版本图书馆CIP数据核字(2021)第211328号

审图号：GS（2021）5553 号

北京市版权局著作权合同登记号　图字：01-2022-6638 号

| 书　　　名 | **考虑环境流量的水库调度研究**<br>——以阿富汗哈里罗德河流域为例<br>KAOLÜ HUANJING LIULIANG DE SHUIKU DIAODU YANJIU<br>——YI AFUHAN HALILUODE HE LIUYU WEILI |
|---|---|
| 原 著 编 者 | [阿富汗] Said Shakib Atef　著 |
| 译　　者 | 任明磊　王刚　赵丽平　喻海军　姜晓明　王帆　译 |
| 出版发行 | 中国水利水电出版社<br>（北京市海淀区玉渊潭南路 1 号 D 座　100038）<br>网址：www.waterpub.com.cn<br>E-mail：sales@mwr.gov.cn<br>电话：（010）68545888（营销中心） |
| 经　　售 | 北京科水图书销售有限公司<br>电话：（010）68545874、63202643<br>全国各地新华书店和相关出版物销售网点 |
| 排　　版 | 中国水利水电出版社微机排版中心 |
| 印　　刷 | 北京中献拓方科技发展有限公司 |
| 规　　格 | 170mm×240mm　16 开本　5.5 印张　108 千字 |
| 版　　次 | 2021 年 10 月第 1 版　2021 年 10 月第 1 次印刷 |
| 定　　价 | **50.00** 元 |

# 前　言

随着气候变化和人类活动影响的深入，水资源短缺、水体污染、水生态退化及旱涝事件等水问题在世界范围内凸显，水问题已成为经济社会可持续发展与生态环境保护的关键性障碍。水问题产生的症结在于水循环系统、生态环境系统和经济社会系统之间的不协调，其核心是竞争性用水和用地条件下，社会经济用水用地挤占生态环境用水用地，导致生态环境系统的破坏与退化。

随着生态保护和高质量发展理念日趋深入人心，河流生态环境需水的问题再度受到许多政府部门、专家学者的广泛关注。在河道内分配一定水量以维护河流生态系统的基本需求已成为普遍共识。而弄清楚河流生态系统确切的环境流量需求，为流域管理者提供决策依据显得尤为重要。一般认为，流量状态是河流生态系统中生态过程的关键驱动因素之一，而在大规模水利工程建设和水资源开发利用背景下，环境流量需求主要通过水库释放最小流量来实现，以保护自然流量的大小、频率和持续时间等特性，这就需要研究采用合适的环境流量评估方法确定河道生态环境流量需求，进而为水库的运行调度方案调整提供依据。

《考虑环境流量的水库调度研究——以阿富汗哈里罗德河流域为例》一书正是系统介绍河流环境流量定量评估方法，并开展基于环境流量的水库调度运行实践研究的一部专业著作。本书的特色在于，系统全面介绍了水文学法、水力学法、栖息地模拟法等不同环境流量评估方法，比较分析了不同方法的评估结果，并推荐采用水文学法得到的环境流量评估结果，开展考虑环境流量的水库调度方案模拟分析，以哈里罗德河流域为例提供了完整的应用案例。

参加本书翻译工作的人员有：任明磊、王刚、赵丽平、喻海军、姜晓明、王帆等，其中第1章、第2章由姜晓明、康亚静翻译，第3章由王帆翻译，第4章由王帆、赵丽平共同翻译，第5章由赵丽平、王刚共同翻译，第 6 章由王刚翻译，附录由喻海军、付晓娣翻译。全书由任明磊审校、统稿。感谢全体翻译人员的辛苦付出，使得该译著顺利出版。另外，本书的出版还得到了吕娟、刘昌军、黄艳、胡余忠、周亚岐、万征等多位专家学者的指导，在此一并表示诚挚的感谢。

本书的出版得到了"十三五"国家重点研发计划课题"流域超标准洪水灾害动态评估"（2018YFC1508003）、中国水利水电科学研究院科研专项资助项目（JZ0145B022017）、新疆 2019—2021 年院士工作站合作研究项目（2020.A-001）等的资助，在此诚表谢意。

由于书中涉及的知识面广、专业术语较多，虽然译者进行了认真的查证和校核，但受限于专业领域，书中难免存在不当之处，敬请各位专家和读者给予批评和指正。关于本书的错误之处和修订建议，烦请函告本书作者：renml@iwhr.com。

**作者**

2021 年 6 月

# 摘　　要

　　居住在哈里罗德河流域的人们对可用水资源的需求压力越来越大，这就需要全面系统地掌握河流流量情况，并在考虑河流生态系统用水需求的前提下，有效地分配可用水资源。本书对健康生态系统所需的环境流量进行量化，并论证基于水力学和水文学的方法在阿富汗主要流域的应用。

　　利用考虑变化范围分析（RVA）的水文变化指标（IHA）方法估算环境流量需求，并与其他水文学法（Tennant 法、流量历时曲线分析法、7Q10 法和湿周法）进行了比较。由于保持自然流量的多样性对于保护原生河流生物群落和河流生态系统的完整性至关重要，RVA 结果可作为确定环境流量需求（EFR）的关键参考。

　　维持河流的环境流量意味着要减少在某一个或多个方面的需水量。在理性认识这一点的基础上，运用水库调度模拟技术来实现拟建水库（萨尔玛大坝）的调度，并制定不同方案来评估环境流量需求对灌溉和水电需求的影响。

　　本书提出了替代缓解措施以减少环境流量分配对灌溉和水电需求的影响，包括建立干旱年调度方案，以减少因考虑环境流量而造成的灌溉用水短缺。此外，本书研究还表明，通过提高现有灌溉方式的灌溉效率可以缓解水资源短缺。

# 插 图 目 录

# 表 格 目 录

# 缩 略 语

| | |
|---|---|
| AAF | 年平均流量 |
| AIMS | 阿富汗信息管理服务局 |
| AMF | 月平均流量 |
| DRIFT | 强制流量转换的下游响应 |
| EF | 环境流量 |
| EFA | 环境流量评估 |
| EFR | 环境流量需求 |
| ELOHA | 水文变化的生态限度 |
| EVHM | 栖息地法评价 |
| FDC | 流量历时曲线 |
| FDCA | 流量历时曲线分析 |
| HEC | 美国水文工程中心 |
| IFIM | 河道内流量增加法 |
| IHA | 水文变化指标 |
| IWRM | 水资源综合管理 |
| IWR | 灌溉需水量 |
| MEW | 阿富汗能源和水利部 |
| MMF | 月平均流量 |
| PHABSIM | 物理栖息地模拟模型 |
| RHYHABSIM | 河流水力、栖息地评估和恢复概念 |
| RVA | 变化范围分析 |

# 目　　录

# 第 1 章　绪　　论

## 1.1　研究背景

在全球范围内，分配一定水量以满足河流生态系统生态需要的价值和重要性日益增加。一般而言，使生态过程维持在期望状态，同时保障正常生态产品与社会服务产出的水量称为环境流量需求（EFR）。由于流量状态是河流生态系统中生态过程的关键驱动因素之一（Smakhtin 等，2004），因此，环境流量需求主要通过水库释放最小流量来实现，目的是保护自然流量特性，如流量的大小、频率和持续时间。

河流的环境流量需求概念起源于需要确定河流的流量状态从自然条件改变到何种水平，才能保持河流生态系统的可持续性。环境流量需求可通过环境流量评估（EFA）来确定，即评估确定河流系统在一年中的不同时段所必须保持的水量，以保证河流水生生态系统和资源能够维持在理想水平（Arthington 等，1998）。目标是维持或提高动植物所处的状态，状态越理想，则需要分配越多的流量用于保护河流的生态系统（Smakhtin 等，2006），其生态价值体现了对流域进行环境流量评估的重要意义。

本书以阿富汗境内的哈里罗德河为研究对象。阿富汗关于流域管理规划和发展建议方面的报告很多，但对流域现有的生态和自然环境方面所做的研究较少。近年来，哈里罗德河水生生态系统特性发生了巨大变化，自然价值不断流失，引起了政府部门、专家、学者的广泛关注。本书重点对该流域目前的环境状况进行总结，并通过环境流量问题研究引导流域管理的方向。

## 1.2　问题陈述

阿富汗的法律规定，所有流域的水资源管理计划中都要预留出满足环境需求的水量；"阿富汗国家发展战略——水务战略"（MEW，2007）也特别强调了这一事项。因此，每一个流域的环境流量都需要以量化的方式来进行考虑。鉴于目前国家层面没有为此制定任何指南或准则，因此，制定一套适用于阿富汗境内流域的环境流量量化方法是非常必要的。

在阿富汗境内，特别是哈里罗德河流域，水资源开发项目的重点一直以来都是灌溉和水力发电。到目前为止，这些已开发项目下游的环境流量需求还没有被当作一个重要问题来考虑。但一些未开发的项目，在开发计划中开始逐渐意识到必须要尽量减少开发项目带给社会和环境的不良后果，在论证水资源开发项目立项过程中，将确定环境流量作为流域开发管理的重要组成部分。

哈里罗德河流域的环境并不稳定，多年的内战、严重的干旱、对环境影响的忽视、流域内较多的灌溉用水需求影响了动植物的生态平衡。自然流量的剧烈变化，尤其是大流量洪水的消失、基流的减小和季节性入流的改变，都会造成自然环境的进一步恶化，而对哈里罗德河流域进行环境流量管理的主要目的便是防止继续恶化而提前采取措施。

内战和多年的冲突造成当地人民和政府官员没有意识到濒危物种的价值，这与冲突前的时期形成了鲜明对比，现在几乎没有可见的物种。由于极度的贫困和快速的人口增长，沙尘暴、水污染和生物多样性缺失正日益加剧，目前难以用语言形容这片土地的荒凉。

一般情况下，植被生长在流域的水源附近，而贫瘠的丘陵地带是旱作小麦生长的地方。通常情况下，农民们尽量选择在朝南的斜坡上种植这种作物，但他们并没有考虑土壤侵蚀的问题以及其他可能的后果，目前这种种植方法越来越多。对于灌溉用水，哈里罗德河在夏季的可用量是不足的，而在春季又是过剩的。用水群体已经根据自然规律调整了农业和灌溉用水，生态、环境方面仍然没有被足够重视，但为环境分配水量的关注度却在不断增长。同时，据报道，由于引水渠和分岔口的毁坏，哈里罗德河干流和主要支流的水量分配效果在下降。

## 1.3　本书研究目标

本书研究的总目标是制定一项用于评价阿富汗境内主要流域环境流量的指导准则，并研发或确定一套适用于发展中国家的方法。具体目标如下：

（1）通过不同方法量化哈里罗德河流域能满足环境需求的水流特性。

（2）为选定的流域确定合适且最适于实际应用的量化方法。

（3）在水库原调度规则中，分配满足环境流量需求的下泄流量。

（4）减轻分配环境流量对灌溉和发电需求的影响。

## 1.4　本书主要研究内容

通常，EFR 的评估方法有很多，从简单地使用水文记录来确定低流量，到以考虑地貌和生态响应的河流流量变化为基础，建立复杂模型的技术和程序。本书采用水文学和水力学方法来量化哈里罗德河流域的环境流量，这些方法对于无监管流域或者可用水资源压力并非极度紧张且处于初始开发阶段的流域进行环境流量的初始评估（调研阶段）是非常适用的。

本书采用考虑变化范围分析（RVA）的水文变化指标（IHA）法量化环境流量，并与其他水文方法（Tennant 法、流量历时曲线分析法、7Q10 法）以及基于水力学原理的湿周法进行了比较。

针对每一种 EFA 方法，本书对不同情景和数据集进行了分析，并通过比较各方法的特点和对人类需求的影响，选择出了最合适的且可接受的环境流量状态。

在量化环境流量需求后，本书分析了为环境流量分配水量对其他方面需求的影响。本书使用 CropWat 模型计算出流域当前和预计的灌溉需求量，并设计不同用水情况以减轻为环境流量分配水量的影响。

此外，本书采用建模技术分别对考虑环境流量需求和不考虑环境流量需求的水库群进行了模拟。根据水库供需评价的模拟结果，本书找出水库群在满足人类生产生活需求方面存在的不足和可能的解决办法，最后提出了能够满足哈里罗德河流域灌溉、水力发电和环境流量需求的 3 种备选方案。

# 第 2 章　环境流量量化方法研究进展

本章基于收集的文献对环境流量量化方法研究进展进行了系统的梳理。第2.1节概述了环境流量对于流域的必要性、重要性和适应方式。第2.2～2.6节介绍了量化环境流量的评估原则和不同方法，同时在应用案例研究中还分析了每种方法的优点、缺点和性能。第2.7节详细论述了可用于水库工程规划和流域管理的水库系统调度技术，对不同水库模拟模型的性能和应用领域进行了总结。

## 2.1　环境流量需求

环境流量指的是为保护或补偿河流、海岸带或湿地内的生态系统而需要供给或维持的水流状态。对河流的投资建设可以为河流提供环境流量，从而支撑当地更好地管理经济发展、河流的物理和生态条件以及缓解贫困。同时，环境流量亦能保证河流健康的可持续性，并使人类能够享受到河流系统带来的各种益处。

当多个需水用户竞相用水但流量却受到控制时，环境流量问题就会变得尤为重要。满足河流的环境流量需求便意味着要减少某一个部门或多个部门的用水量。通常，为了确保河流生态系统的长期健康，减少某些部门的用水量是很艰难但又不得不做的决定。请牢记，若不能满足环境流量需求将造成灾难性后果，这会对大多数河流使用者造成不利影响。

为了确定环境流量，流域内所有的实际情况和问题都需要计入考量范围，这可以通过从上游到河口对该流域进行评估来实现，包括考虑湿地和泛滥平原的环境和社会价值，考虑所有相关经济问题并从整个系统的所有关注点中建立降级机制。对流域各段确定环境流量，需要对评估结果进行系统梳理，不但需要满足保护环境的需求，亦需要满足保护人类的需求。

确定环境流量需要系统的评估框架，这可以通过流域管理者和规划者的努力来实现。这些评估大都基于水资源综合管理（IWRM），通过组织利益相关者来评估环境流量涉及的方方面面，旨在利用备选的水流状态场景评估来解决流域现有问题。

河流环境流量需求通常取决于利益相关者如何让其生态系统保持健康，它的确定不能通过简单的设想来完成，而是需要通过先进的评估技术与方法来提供关于水生生态系统在不同水流条件下如何被影响或者变化发展的信息（Richter，1998）。

## 2.2 环境流量需求量化

近年来，量化环境流量需求的认知快速发展，因此，涌现了数以百计的计算模型和方法来量化环境流量。目的都是基于可用的数据和资源，为河流提供一定水流状态从而使其维持在一个期望状态下，以满足动植物的生态需要。

以下是在不同流域研究和应用的一些方法：

（1）水文学法：这类方法都是简单的工具，它们将河流流量作为衡量生物和生态功能的指标变量，如 Tennant 方法（1976 年）。

（2）水力学法：考虑到河流的几何形状，该类方法在流量和可用栖息地的周长或面积之间建立了关系，如湿周法和 R2 - Cross 法。

（3）栖息地模拟法：这类方法比较复杂，通常使用水力数据和目标物种数据来确定栖息地的最佳需水量，如河道内流量增加法（IFIM，1970 年代）。

（4）整体法：这类方法是资源密集型的，模型非常复杂，它们需要依赖于较大范围的环境评估，如建立分区法和强制水流转换的下游响应法。

其他估算环境流量的方法包括：Idaho 法、华盛顿法、经验观察法、Hoppe 法、PHABSIM（物理栖息地模拟模型）法和许多其他模拟方法。EFA 方法一般可以分为以下几类：

第一类是标准设定法，又称为历史流量法。标准设定技术是基于有限数据的单一固定规则来确定最小流量的。有些时候，这类方法并不考虑系统的可变性，且易于实现，在使用前几乎不需要收集资料。通常，这类方法的应用主要出于保护目的，防止系统退化是第一要务。因此，这类方法常用于恢复受损系统。

第二类是样带法，这类方法比标准设定法复杂，但是它们不能满足增量法的要求。这类方法需要在多个样带上进行野外数据的采集，一般是在小溪中，并且要沿着河流的方向。这些野外数据将用来确定河流流量和其他物理量之间的临界或最佳流量需求关系。

第三类是增量法或栖息地法。这类方法常用于复杂的情况，对于所研究的河流，其现存的水流状态并不能完全或只能部分满足生物群落或其他方面的需求（Stalnaker，1994）。

## 2.3　水文学法

水文学法常用于估算环境流量需求，它通常被认为是简单且数据需求最小的方法。这类方法使用典型历史水文数据，一般是基于历史上逐日或逐月河流流量记录来量化环境流量需求。据统计，用于环境流量评估的且基于水文学的方法有 15 种。但是，其中大多数方法都具有明显的区域性。下面是常用的水文学法：

（1）Tennant 法。

（2）流量历时曲线（FDC）法。

（3）7Q10 法。

（4）水文变化指标（IHA）法。

（5）变化范围分析（RVA）法。

### 2.3.1　Tennant 法

Tennant 法是 Tennant 在现场观测和测量的基础上提出来的。因为数据来自美国蒙大拿地区，因此这种方法最初被称为"蒙大拿方法"。Tennant 收集了不同位置的详细断面数据来描述鱼类栖息地的各个方面。实验是在蒙大拿州、怀俄明州、内布拉斯加州地区 11 条河流的 58 个浅滩断面上完成的，内容包括"速度、深度、宽度、温度、基流和旁侧入流、掩蔽物、迁移、沙坝与岛屿、无脊椎动物、捕鱼和漂流等人类活动，以及美学和自然美景的需求"。

Tennant 对冷水和温水渔业都进行了研究，并将其与量化的鱼类栖息地质量相关联，即：将生物和物理几何参数与河流流量相关联，来评估鱼类栖息地对河流流量的适应性，进而得出鱼类栖息地质量与平均流量百分比之间的关系（Tennant，1976）。

尽管流量与鱼类栖息地之间存在着复杂的关系，但 Tennant 制定了一个应用标准，且该标准不需要太多的数据。Tennant 法是基于河流的年平均流量（AAF）数据完成环境流量需求评估的。表 2.1 总结了鱼类、野生生物和人类娱乐活动的环境流量需求。

一般情况下，认为 Tennant 法属于标准设定法类型。它允许土地管理者设置河流的最小流量需求，而不用大范围地收集数据。这种方法很容易应用于所有河流，但每条河流也很明显地具有不同的栖息地标准，而 Tennant 并没有为河流流量如何确定给出任何标准。因此，尽管该种方法可以很容易地应用于任一条河流，但也并不总是适用于任何河流的实际情况（Jennifer，2006）。

**表 2.1　鱼类、野生生物和人类娱乐活动的生态基流（Tennant，1976）**

| 流量说明 | 建 议 基 流 状 态 | |
|---|---|---|
| | 10 月至次年 3 月 | 4—9 月 |
| 冲洗或最大 | 平均流量的 200% | |
| 最佳范围 | 平均流量的 60%～100% | |
| 优 | 40% | 60% |
| 良 | 30% | 50% |
| 较好 | 20% | 40% |
| 一般或较差 | 10% | 30% |
| 差或最低 | 10% | 10% |
| 严重退化 | 平均流量的 0～10% | |

有研究表明，当存在季节变化问题时，Tennant 法是不适用的。其中，一项关于 Tennant 法适用性的研究表明：Tennant 法最初用来区分产卵季和饲养季的季节间隔并不合适，得到的结果也并非尽如人意（Orth 等，1981）。

Tennant 建议在一年的不同时段采用两种不同的基准流量，第一个时段为 10 月至次年 3 月，第二个时段为 4—9 月。Orth 和 Maughan（1981）在俄克拉荷马州对不同的时段进行了实验，结果表明，通过改变时段，Tennant 法可以适用于俄克拉荷马州。但另一项研究表明：Tennant 法有严重的局限性，应仅限于规划设计阶段使用（Mosley，1983）。

## 2.3.2　流量历时曲线（FDC）法

流量历时曲线（FDC）法是分析河流流量完整系列的最佳方法，它涵盖了从极端洪水流量到低流量的所有事件。FDC 是利用平均日流量数据建立的频率分布的累积形式，它显示了在整个关注期内等于或者超过某一流量的时间占比。这个关注期可以是每天、每月、每年或整个记录期间。

Smakhtin 等（2005）提出，估计的河道内低流量是指在 70%～99% 的时间内等于或超过的流量。通常流量 $Q_{95}$ 和/或 $Q_{90}$ 被用作环境流量需求，并且常常在学术资源和政府文献中被引用。表 2.2 列出了一些常用流量，而一些其他时间百分比对应的低流量 $Q_{99}$、$Q_{98}$、$Q_{97}$、$Q_{96}$、$Q_{84}$ 和 $Q_{75}$ 在文献中很少被用来进行环境流量需求评估。

表 2.2 还给出了另一个常用的流量历时指标，该指标是根据夏季月中间流量计算得出的。

表 2.2　　　　　　　　　　低流量历时时间指标 （Pyrce，2004）

| 流量指标 | | 用　处 | 研　究　者 |
|---|---|---|---|
| $Q_{95}$ | Ⅰ | 常用的低流量指标或极低流量工况指标 | Riggs （1980）<br>Brilly 等 （1997）<br>Smakhtin （2001）<br>Smakhtin （2005）<br>Wallace 和 Cox （2002）<br>Tharme （2003） |
| | Ⅱ | 保护河流的最低流量 | Petts 等 （1997） |
| | Ⅲ | 点流量的每月最低情况 | 密歇根环境质量部 （2002） |
| | Ⅳ | 签发地表水抽取及排放许可证 | Higgs 和 Petts （1988） |
| | Ⅴ | 污水排放限量评估 | Smakhtin 和 Toulouse （1998） |
| | Ⅵ | 月平均流量生物指标 | Dakova 等 （2000） |
| | Ⅶ | 用于保持自然月季节性变化 | Stewardson 和 Gippel （2003） |
| | Ⅷ | 用于优化环境流量规律 | |
| $Q_{90}$ | Ⅰ | 常用的低流量指标 | Smakhtin 等 （1995）<br>Smakhtin （2001） |
| | Ⅱ | 月度值：提供稳定和平均流量 | Caissie 和 EI‐Jabi （1995） |
| | Ⅲ | 月度值：给出水生生物栖息地最小流量 | Yulanti 和 Burn （1998） |
| | Ⅳ | 用于检测小流量的流量历时模式 | Ogunkoya （1989） |
| | Ⅴ | 为水管理者提供临界水流水位预警的阈值 | Rivera‐Ramirea 等 （2003） |
| | Ⅵ | 用于描述有限流量条件，并被用作平均基流量的保守估计 | Wallace 和 Cox （2002） |
| $Q_{50}$ | Ⅰ | 为水资源规划和管理确定水基流量 | Ries 和 Friesz （2000）<br>Ries （1997） |
| | Ⅱ | 用于保护水生生物 | 美国鱼类和野生动物管理局 （1981） |
| | Ⅲ | 用于推荐水力发电河流的季节性最低流量 | Metcalfe 等 （2003） |

如表 2.2 所示，$Q_{90}$ 和 $Q_{95}$ 两种低流量指标的使用通常会因地区的不同而有所不同，该方法的分析结果和应用范围与 7Q10 低流量指标相似。除了用来确定河道内流量需求外，7Q10 河道内最低流量和 $Q_{95}$ 流量通常用于取水许可的裁定。

## 2.3.3　7Q10 法

该方法是基于水文学的应用最为广泛的一种方法，它的主旨思想是"10 年重现期条件下的 7 日河道内低流量。"这种方法利用逐日的流量数据，并已在若干国家使用（用途不同）。基于它的各种用途，分类如下：

（1）保护水质免受点源水污染。

（2）干旱期水生生态系统保护。

（3）水生生物保护措施。

最初，7Q10 低流量只是与水质有关，并用来制定控制水污染的河流水质标准。但后来其用途被全面扩展，且增加了其他方面因素的考量。

美国鱼类和野生生物管理局（1981）认为：7Q10 流量过去曾被误用为保护水生生物群落的最小流量。马萨诸塞州（2004）证实：7Q10 流量有时被认为足以维持健康的生态系统，但实际上，维持健康的生态系统需要更高的流量水平。Caisse 等（1995）警告说：使用 7Q10 流量可能会大大低估河道内流量（Pyrce，2004）。

## 2.3.4 水文变化指标（IHA）法

水文变化指标法根据河流生态重要特征来区分和评估各种水文情势，并生成一个河流尺度的标准化统计指标组合，该指标体系比较流量记录周期前后的流量大小、时间、频率。生成的指标体系集中描述了河流生态系统的生物和物理功能所必需的不同流态（Richter 等，1996）。

水文变化指标法分析的设想是恢复河流的自然水文状况，达到或接近水生态系统的自然生物组成、结构和功能。这一设想背后的假设是根据河流水文情势的季节和年度变化来确定水生系统中物种组成的种群和生物功能，以及生态群落之间的关系。在上述自然群落的建设中，长期的水文记录数据是不可或缺的。

此外，该方法结合水文属性，评估了河流管理目标的生物关系。该评价的基础是假定自然流量的水文数据可由未改变的河流流量序列和有年际差异的流量序列组成。

通过该方法可以建立水文基线，用于对即将开发项目的评价和监测，以及拟建项目可选方案河道内流量水文规划的评估。根据水文变化指标法生成的生态系统指标可以用来设置流量恢复目标，并帮助识别变更区域，以衡量量化的保护目标的进展（Richter 等，1996）。

## 2.3.5 变化范围分析（RVA）法

目前，对生态基流模型的需求日益增长，尤其是考虑与水管理活动有关的生物后果的模型。RVA 法是由 Richter 等于 1997 年提出的，该方法是流域尺度方法，用于根据流域未受破坏的水文情势来确立目标生态基流。所得到的目标流量将有助于确定生态基流需求，而不需要长期的生态数据，其结果将用于河流改道和大坝运营管理中河流管理战略的执行（Richter 等，1997）。

## 2.4　水力学法

水力学法基于河流水位或湿周的水力变化，在生态数据受到约束时对目标生物群进行评价，因此水力参数的阈值将保持生态系统的完整性。湿周法是由柯林斯于 1972 年提出的，它是华盛顿法的改进方法，通常被称为横断面法。该方法是根据河流流量与湿周的关系推导而来的，其中与流向垂直的河流横断面的湿长被称为湿周。湿周曲线示例如图 2.1 所示。

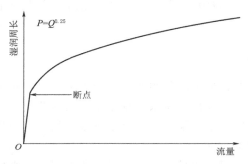

图 2.1　湿周曲线示例（Jennifer 等，2006）

为了得到不同流量的横断面，需要沿河流流向测量若干位置，基于这些数据可以得出流量与湿周的关系曲线，根据得到的关系曲线，可以通过评估 8 个拐点或断点来计算环境流量，如图 2.1 所示。结果表明，与较低流量相比，鱼类栖息地的替代流量在单位流量的断点以上有相对较小的增加。目前在断点选取这一问题上还存在一些争论，研究者通常假定断点是曲线上斜率下降的第一个点。对于断点的确定，通常应该定义最大曲率，或者选择曲线上坡度接近设计值的点，但是坡度值应由管理者或研究者选择，值得注意的是，与坡度大于 1 相比，坡度小于 1 得出的流量较小（Arthington 等，1998）

## 2.5　栖息地模拟法

该方法基于考虑水文、水力和生物数据的栖息地分析技术对环境流量进行量化，将流量与目标生物群联系起来，假设栖息地条件与目标物种有直接关系，该类方法中最广泛使用的是 PHABSIM（物理栖息地模拟模型）。它利用研究区内不同位置的河道横断面、坡度、水流深度对流量进行模拟。模拟结果可用于预测最佳栖息地流量，并以此作为环境流量需求（Bovee 等，1998）。

## 2.6　整体法

这类方法提供了一个框架，用来集成水力、水文和栖息地模拟模型。整体

法使用基于生态系统的方法确定环境流量。经实例证明，河道内流量增加法
（IFIM）是这些方法中使用效果最好的，而强制流量转换的下游响应
（DRIFT）法是环境流量评估技术的新版本，它是使用最为广泛的自下而上的
整体法的基础。

## 2.6.1 河道内流量增加法（IFIM）

IFIM 由美国鱼类和野生生物管理局开发，并在美国作为法律要求使用。
IFIM 用于评价水库对河流流态的影响，并按照以下 5 个阶段来分析流域环境
流量需求：

阶段 1——问题识别：应识别法律权利、问题和目标。

阶段 2——流域特征和项目规划：这一阶段包括对流域进行大范围的初步
分析，如收集和分析物种的现状及生活史方面的水文、生物和物理基础数据，
并确定可能的限制因素。

阶段 3——模型开发：在此阶段进行河流模型的开发和率定，其中
PHABSIM 将对微观和宏观栖息地模拟进行分析，包括水质和水温等理化
元素。

阶段 4——情景的设计和评价：在已开发的模型中评估另一种情景，以确
定流态变化对不同类型物种或整个生态系统的影响。

阶段 5——为磋商提供数据支撑：最后，各方将就评估结果进行磋商，以
解决第一阶段提出的问题。

该综合框架的优点是同时考虑了技术和政策关注点以及问题和目标的识别
方式，然而，IFIM 存在着时间限制和宏观、微观栖息地数据往往不可用的
缺点。

最后，IFIM 是一个增量方法，它并没有直接给出"答案"，通常认为，
这既是这种方法的优点，也是其缺点（Ken 等，1998）。

## 2.6.2 水文变化的生态限度（ELOHA）法

ELOHA 法是近年发展起来的一种整体法，它需要完整的河流生态系统信
息，并将河流流态作为基准，与涵盖了临界流量标准的改进的河流流量状态相
结合。

流态特征的改变通常是在考虑各要素的月序列记录基础上，通过调节流
量，进而获得改进系统的特定目标，如河流水质、水生生态系统完整性或流域
地貌。通常，栖息地、水力和水文工具被用于先进的整体法中（Arthington
等，1998）。

### 2.6.3　强制流量转换的下游响应（DRIFT）法

DRIFT 法是在南非建立的，并在莱索托得到了应用。该方法覆盖了河流生态系统所有关注的问题，并为决策者提供了不同的情景和未来流态的多种选择。该方法的 4 个模块可用于确定社会、生态和经济方面的情景。

该方法还为决策者提供了以下额外信息：

（1）对每一种情景的宏观经济评价：用于广泛的区域权利评价，包括农业、工业发展以及城市地区水成本补偿等。

（2）情景的设计和评价以利害攸关者的参与和可接受程度为基础。

DRIFT 框架采用以下模块：

模块 1——生物物理：需要对河流生态系统的各个方面进行全面研究，如水力学、水文学、地貌、水质、水生无脊椎动物、河岸树木和水生生物、边缘植物、半水生哺乳动物、爬行动物和微型生物群。所有这些研究都与河流流量相关，其目的是识别与特定流态变化有关的生态系统变化。

模块 2——社会经济：以划为共同财产的河流资源为基础，分析项目的社会性，并评估与人及牲畜有关的河流健康概况；确定资源成本，然后建立各方面与河流流量之间的联系，进而预测水流状况对人类和河流生态系统的影响。

模块 3——情景构建：基于模块 1 和模块 2 中创建的河流生态系统的预测变化来构建可选择的情景，然后评估每个场景对相关的共同财产用户的影响。

模块 4——经济学：根据补偿成本对结果场景中涉及的财产用户进行评估（Arthington 等，1998）。

## 2.7　水库系统调度分析

水库系统评价技术可以应用于基于指定目标的各种场景。它可以用来在已定义的规则和规范的基础上重新评估水库的现有操作曲线，或者用来进行水库调度决策规划研究。这类研究涉及基于情景的规划评估，从而可以对与水相关的问题和需求做出反应，并最终可得出备选方案以减轻水库调度可能造成的影响。

### 2.7.1　模拟与优化技术

为了给多用户分配水库水量，同时尽量减轻水资源短缺、洪水风险以及环境影响，水库及其泄流决策是根据一套规则来确定在不同气候条件下水库的放水量或蓄水量的。

水库调度规则和管理策略提供了一个定量标准框架，在该框架中，定性判断通常具有很大的灵活性，实际上，泄流规则为泄流决策者提供了指导，但在实际模拟过程中，调度规则的实现往往需要在已定义的调度规则框架下通过泄流决策分析机制来不断调整。从广义上讲，通过模拟模型来确定最佳方案，这取决于工程师能否以有效的方式管理和评估调度规则和设计变量。模拟模型可以定义为一个遵循特定条件集以预测其行为的系统。

水库调度模型代表了在给定水文输入条件、泄流政策和调度规则情况下的水库性能。模拟过程将对不同气候条件下的水库系统性能进行评价。

通常，人们认为有必要设计其他的模拟方案，以评估水库在目标情景下的蓄水能力和调度规则。模拟模型既可以用数学规划也可以不用数学规划来开发。

从广义上讲，优化和模拟技术可以用作备选的具有不同特点的模拟方法，因为大多数模型都包含这两种方法的元素，而所有的优化建模技术也都可以对系统进行模拟。通常，优化技术会涉及模拟模型的多次迭代执行，而迭代过程可能会自动匹配到不同的优化程度（Ralph 等，1994）。

## 2.7.2 水库系统模拟方法

模拟模型是利用特定的调度规则和水库入流条件来模拟水库系统的水文和经济性能。在技术上，模拟模型的基础是质量平衡的计量程序，该程序可以控制系统中的水流运动。

在模型模拟中，需要在系统中设置不同的备选方案，同时进行一系列的模型模拟运行计算，并对备选方案的配置、需求水平、调度规则和水库日常操作进行比较。评价系统性能的方法比较简单，通常是根据计算得到的基流时间序列、蓄水位、缺水水位、防洪控制水位，有时也根据水力发电量，来进行评价。有时候还需要对各种类型的泄流频率或用水短缺情况进行分析。

从广义上看，大多数水资源开发机构和其他负责水资源规划的实体都在定期使用水库模拟模型。

## 2.7.3 现有模型综述

评价水资源系统最有效的方法之一是，在一系列的调度规则和其他特定行为下，建立基于系统内物理过程相互作用的模拟模型。在过去 30 年中，研究者在开发用于水资源规划和管理的计算机模型方面已经完成了大量的工作。随着计算机技术的进步，功能强大的软件包在水管理的各个方面发挥着越来越重要的作用。以下是一些现成的软件，并且它们通常被用于学术研究。

1. HEC - ResSim 模拟系统

HEC - ResSim 模拟系统用于模拟水库调度策略。模型利用入流水文过程曲线对水库进行多约束、多目标管理调度模拟。其中，大坝的物理特性、水库特性和调度规则曲线是必需的输入数据，而模型输出包括水库泄量、库容、溢洪道流量和下游水文过程曲线。

该模型由美国陆军工程兵团水文工程中心创建。HEC - ResSim 模拟系统利用 HEC 数据存储系统检索输入和输出的时间序列数据。它有一个图形用户界面，用于模拟水库调度管理，包括水库自身和下游河道的调度。

该模型允许用户创建不同的情景，并允许单独地创建模拟方案来对输出结果进行评估。在 HEC - ResSim 中，网络要素包括结点、分流、水库和河段。流域模块包括测量位置、特定区域和影响区域的水力及水文时间序列数据。水库单元由大坝、蓄水池和出水口组成，而水库泄流决策来自于一组离散的区域和规则（USACE，2003）。通常情况下，水库按不同的水位，对应不同的调度规则，这些规则说明了在一个年份的调度过程中应遵守的目标和限制条件。不同的初始条件、入流条件和调度规则集是模型的设置方案组成，据此可以设计不同的计算情景来比较结果。在 HEC - ResSim 中，水库的另一个特征是发电，但它并没有考虑水质、环境流量和生物游憩等（Rosenberg，2003）。

2. HEC - 5 模拟模型

HEC - 5 是目前应用最为广泛的模拟模型之一，在拟建和已建水库研究中均有不同程度的应用。另外，它还可以用于实时调度和规则调度。模型输入包括：调度规则、库容、水位分区、引水和最小生态基流目标（考虑洪水流量）。为响应用户指定的调度规则，以及获得基于特定调度方式可以得到的目标环境流量，模型需要在每个调度时段内作出泄流决策。

多水库的泄流决策主要取决于该区域内库容占有率的平衡。

该模型还能够对各种可行方案进行供水和发电收益的评估，同时还可以对平均年洪水破坏的经济影响作出评价。

3. MODSIM 模拟系统

MODSIM 最初是由科罗拉多州立大学开发的，是第二个被广泛使用的模拟模型。该模型是通用水库系统模拟模型，用于对流域管理中的水文、物理和机制方面进行评估和分析。

模型的系统结构支持短期调度、中期管理和长期规划。用户可以根据需水优先级来分配水量。水量配置需要满足以下方面的需求，包括引水、水力发电、生态基流、蓄水目标和蓄水特征。考虑到时间步长，MODSIM 计算了所有流量和蓄水量的值，因此泄流决策不受未来入流的影响。

通过与当地、区域和国际水资源管理机构合作，MODSIM 被应用于科罗拉多州和其他国家的水库模拟研究中。另外，它还在科罗拉多河水系上游、Rio Grande 盆地和克拉马斯河系得到了应用。上述研究是由科罗拉多州立大学的研究人员与赞助方——水管理机构合作进行的。

# 第3章 研究方法

本书采用图 3.1 所示的研究方法框架。在第 3.1~3.5 节中对标准设定法 (standard setting methods) 进行了描述。这些方法用于评估流域的环境流量。首先，将常用的方法列出，以便全面了解流域的当前环境状况，然后使用评估方法对河流需要维持的水量进行量化。此外，在 3.6 节中，基于水库调度决策和水电泄流决策，本书描述了相关的技术背景以及水库模拟模型的构建，这一步的主要目的是确定出于环境保护需要分配水量而可能造成的水短缺情况。概念框架中的最后一步为制定备选方案，旨在减轻因考虑环境流量给灌溉和发电需求带来的影响。

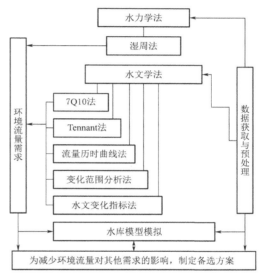

图 3.1 研究方法框架

## 3.1 使用 Tessman 法进行环境流量评估（EFA）

使用 Tessman 法估算环境流量需要考虑以下几个步骤：

（1）根据日平均流量计算逐月平均流量。

（2）计算平均月流量和平均年流量。

（3）为选择月最小流量，需要评估以下指标：

1）若月平均流量小于年平均流量的 40%，则月最小流量等于月平均流量。

2）若月平均流量大于年平均流量的 40%，则月最小流量等于年平均流量的 40%。

3）若月平均流量的 40% 大于年平均流量的 40%，则月最小流量等于年平均流量的 40%。

Tessman 法（改进的 Tennant 法）输出的指标是以月为基础而不是以两个季度为基础（Tennant 法）。将 Tessman 法量化的环境流量与其他方法所得结果进行对比。

## 3.2　流量历时曲线分析（FDCA）法

该方法利用日流量数据生成流量历时曲线进而评估环境流量。在所关注的时间范围内，若河流流量等于或超过某特定流量的时间比例超过 90%，则该特定流量即为环境流量需求的标准（Smakhtin 等，2004）。

## 3.3　7Q10 法

该方法利用日均流量数据量化环境流量，且需要使用至少 10 年的流量观测数据进行分析。在估算每年中连续 7 日的平均流量的基础上，利用标准水文方法来计算其重现期。

## 3.4　IHA 法

IHA 法基于统计评估，将反映水流流态的水文连续序列转换为 32 个参数（见表 3.1），并量化工程建设前后的水文变化影响。这些参数主要用于观测河流中物理栖息地的变化。下面 5 种类别描述了基于这些参数的水流流态的时间变化。

（1）月水文条件的量：统计每月的日情况，并对栖息地的适宜性进行整体评估。

（2）年极端水文条件的量和持续时间：评估年内的环境干扰和压力。

（3）年极端水文条件出现的时间：评估年内每个季节的环境干扰。

（4）高、低流量脉冲的频率和持续时间：考虑了年内环境变化的脉冲的形状和表现由该参数集合进行描述。

（5）水文条件变化的速率和频率：此参数集合基于流量速率和频率提供环境流量的年际变化，描述了环境流量变化和突变的年际周期数。

IHA 分析的输入参数既可以是测站数据也可以是模型计算得到的数据。模型假设参数与河流管理目标间存在着生物学上的关系，其中自然情势代表了未被改变的河流条件。通过以下几个步骤确定环境流量：

表 3.1　　　　　　　　32 个水文参数汇总（Richter 等，1996）

| IHA 统计组 | 情势特征 | 水文参数 |
|---|---|---|
| 组 1：月水文条件的量 | 量、时间 | 每个月的平均值/中值（12 个参数） |
| 组 2：年极端水文条件的量和持续时间 | 量、持续时间 | 年 1d 最小均值<br>年 1d 最大均值<br>年 3d 最小均值<br>年 3d 最大均值<br>年 7d 最小均值<br>年 7d 最大均值<br>年 30d 最小均值<br>年 30d 最大均值<br>年 90d 最小均值<br>年 90d 最大均值<br>（10 个参数） |
| 组 3：年极端水文条件出现的时间 | 时间 | 年 1d 最大流量出现的日期（儒略日）<br>年 1d 最小流量出现的日期（儒略日）<br>（2 个参数） |
| 组 4：高、低流量脉冲的频率和持续时间 | 量、频率、持续时间 | 每年高脉冲的数量<br>每年低脉冲的数量<br>年内高脉冲的平均持续时间<br>年内低脉冲的平均持续时间<br>（4 个参数） |
| 组 5：水文条件变化的速率和频率 | 变化的速率和频率 | 所有连续日均值正差异的均值<br>所有连续日均值负差异的均值<br>上升过程的数量<br>下降过程的数量<br>（4 个参数） |

（1）首先分别定义影响发生前后的数据序列，进而选择均值、中位数、变异系数以及对集中趋势和离散程度的估计值，使用日均水头、水位以及流量进行初步分析。

（2）计算水文参数，将数据序列按年划分，并确定 32 个参数的值；利用能够准确描述水文情势的生态参数来分析评估水文变化。

（3）计算 32 个参数的年际统计量，如离散程度和集中趋势。

（4）计算影响发生前后的 64 个年际统计量的离散程度和集中趋势。

（5）通过比较所有的参数来评估工程建设前后对环境流量的影响。

## 3.5 RVA 法

RVA 法基于 IHA 的分析结果，可以进一步明确管理目标。该方法首先根据得到的生态信息以获取每年生态流量为目标建立管理规则，然后，通过得到的流态特征明确生物学目标。流量目标的设定、调整及实现包括以下 5 个步骤：

（1）利用 IHA 方法对流量差异的自然变化进行分类。

（2）基于 IHA 参数选择管理目标流量。

（3）从前一步骤中提取并建立新规则，在评估的年份内，实现目标流量状态和条件。

（4）进行生态评价，评估新径流情势的生态影响。

（5）使用此方法进行年河流流量分类。对基于新的目标流量所得到的年水文过程线进行刻画；使用 RVA 目标值评估各项措施的有效性，识别哪些目标得到了实现。

针对数据可用性问题，作者考虑了以下若干情景并提出了解决办法：

情景 1：当已有的河流流量数据足够且能够代表自然状态时，至少需要 20 年的数据来计算代表水流流态特征的 32 个参数，否则年际变化将增加，因此，如果有超过 20 年的数据资料，无须再进行外推。

情景 2：当已有的流量记录资料少于 20 年时，应使用水文估计技术或水文模拟模型对流量数据进行补充延长。

情景 3：若所关注的时间段内没有可用的流量记录资料，可以采用以下策略：

1）水文模拟模型。

2）基于有测站的参证流域数据进行标准化估计，如使用有相似气候、地貌等条件的邻近流域的数据资料。

虽然情景 3 中的方法难以获得和情景 1、情景 2 中同样精确的结果，但在未获得更完整的数据资料情况下，它可以暂时实现流量管理目标。

## 3.6 HEC－ResSim 模拟系统

水库模拟是指对水库及其所关联的河网系统进行数学模拟，其目的在于确定是否能满足在水量供应方面的要求。在已知水库入流条件的情况下，通过水库模拟可以得出在给定时间段内的水库调度过程与蓄泄量，从而确定给定的水库调度规则是否能满足用水需求。此外，可以采用试错法进行模拟，以优化水

库的调度规则（Larry 等，1992）。该方法还可用于确定水库的蓄水要求，借助于连续方程，水库调度的演算公式为

$$ST_{t+1} = ST_t + QF_t - R_t - E_t$$

式中：$ST_t$ 为开始调度演算时刻 $t$ 时的蓄水量；$QF_t$ 为时段内入流量；$R_t$ 为时段内泄流量；$E_t$ 为时段内水库表面的净蒸发量。

水库的另一个消耗性用途是水力发电。要制定发电泄流决策，首先需要确定时段 $t$ 内的平均蓄水量，然后估计尾水高程。接下来，通过从与平均蓄水量对应的库水位中减去尾水高程和水头损失来确定净水头。最后，通过下式计算能够满足发电需求的水库泄量：

$$Q = \frac{Ec}{eht}$$

式中：$E$ 为需求的能量，kW·h；$c$ 为转换因子（英制为 11.815，公制为 0.102）；$e$ 为电站效率，%；$h$ 为总落差，m；$t$ 为时间，h；$Q$ 为水库泄流量，$m^3/s$。

蒸发量的估算需要使用水库面积，而水库面积可以根据平均蓄水量进行计算。在得到蒸发量后，使用连续方程来确定时段末蓄水量。

$$S_2 = S_1 - EVAP + (INFLOW - OUTFLOW) \times CQS$$

式中：$S_1$ 为前一个时段的时段末蓄水量；$EVAP$ 为时间段内的蒸发量；$INFLOW$ 为入流量；$OUTFLOW$ 为出流量（包括发电泄流量）；$CQS$ 为泄流量向蓄水量的转换因子。

由于针对发电的泄流决策是根据水库中的可用水量来确定的，因此，需要首先识别各时间段内装机容量能够产生的最大能量和实测的泄流量。通常将水库死水位（inactive zone）作为用于发电的最小蓄水位。当蓄水位等于或低于最小蓄水位时，水库将不会放水。但是，针对发电的泄流决策是基于保留水位（conservation zone）的，这需要通过模型确定灌溉和其他用水需求是否需要额外的水库泄流，若不需要则为发电保留。

# 第4章 研究区和数据分析

本章介绍了初步的数据分析。其中，第4.1节介绍了研究区及其当前的水文气象条件和环境问题。此外，这一节也对土地利用情况（包括确定可用耕地面积）和流域其他地理条件进行了描述。第4.2节针对收集的水文、气象和地理数据的时期、数量和其他必要信息进行了介绍。第4.3节介绍了萨尔玛大坝的物理信息以及蒸发和灌溉需水数据。

## 4.1 研究区

环境流量评估的选址一般是根据当前的环境流量问题、位置、未来水资源的开发潜能以及数据可用性来确定的，除此之外，还需要进行实地考察从而获得更全面的环境流量评估。

哈里罗德河流域位于阿富汗西部（见图4.1），相对于其他西部流域来说，它更为发达，并且是赫拉特市的组成部分。流域上游位于古尔省，海拔在4000m以上，下游位于赫拉特省，海拔为750m。哈里罗德河流域总面积为3901722hm²，人口数量为46万人。

哈里罗德河上游河道为狭窄河谷且河床多石；中游河道变得宽阔平坦，且在Obeh村以下为游荡型河流。下游成为阿富汗和伊朗的界河，然后进入土库曼斯坦，并消失于沙漠中。

该流域的气候特点是，冬季寒冷，雨雪量随海拔上升而增加；夏季炎热干燥，蒸发率高，6—8月大风天气较多，气温高且无显著降雨。降雨通常发生在春季，年平均降雨量约为236mm，且空间分布不均匀。地表水和地下水的主要来源为融雪，通常持续约两个月（3—4月）。3—6月融雪径流流量大，8月至次年2月径流量较小，因此2—6月中旬乃至7月流域径流量充沛。该流域的河水主要用于灌溉，据观测，河道流量春季富余、夏季不足，农民也已经根据洪水情势特点调整了他们的灌溉和种植活动，一年当中其余月份则利用地下水灌溉。哈里罗德河流域位置如图4.1所示。

萨尔玛大坝是利用哈里罗德河的地理优势而建的，旨在利用大坝蓄水发挥灌溉和发电效益，因此工程调度运行由灌溉和发电两个目标作为指导。萨尔玛大坝位于赫拉特省的 Chisht - e - Sharif，并按照多目标工程进行规划，目前正在建设并在未来几年投入运行。目前环境和生态问题并未作为流域水资源开发工程的重要问题纳入考虑范畴，然而对其的关注度在日益增加。赫拉特市外有工业产业，但并未沿河分布，因此，哈里罗德河流域的水主要用于灌溉。

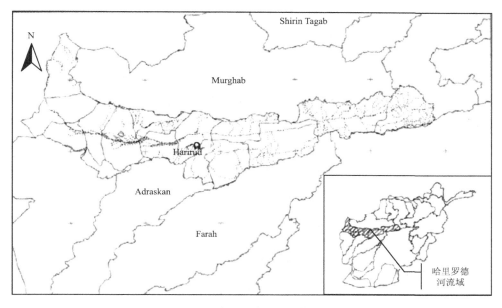

图 4.1　哈里罗德河流域位置图

哈里罗德流域土地利用情况如下：

哈里罗德河流域总面积为 3901722hm²，其中 60％以上的流域面积为草地、杂草和低矮灌木，约 28％的流域面积为裸露岩石和土壤，仅有约 5.5％的流域面积（223106hm²）为耕地，如图 4.2 所示。

目前，哈里罗德河的水灌溉了 40000hm² 的耕地，在萨尔玛大坝二期建成后，预计这一数字将增加到 75000hm²。其余的耕地由地下水和 Qantas 传统灌溉系统灌溉。哈里罗德河流域内大部分灌区的人们采用传统灌溉系统灌溉土地。当地用水社区负责灌溉系统的运行、建设和主要的管理工作。此外，这片土地的灌溉系统的供水条件在过去的几十年内由于冲突和政局不稳定在加剧下滑和退化。在流域的下游和东部丘陵地区，没有官方认可的权限来发展林业和旱作农业，这一问题在近些年才被提出来，目前关于减轻这些影响的组织框架和水权问题的讨论仍在进行中。

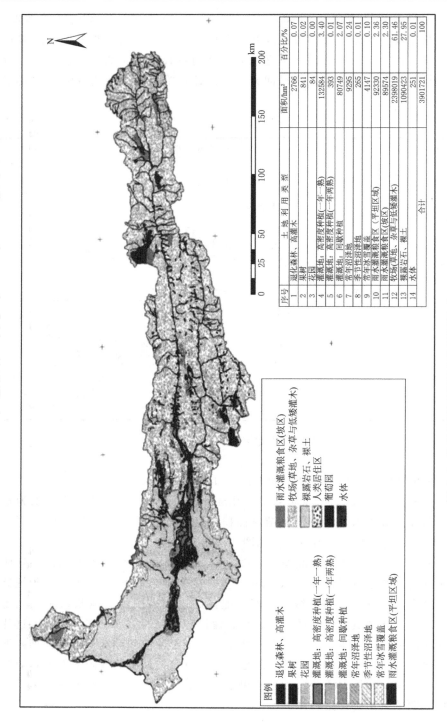

| 序号 | 土地利用类型 | 面积/hm² | 百分比/% |
|---|---|---|---|
| 1 | 退化森林、高灌木 | 2766 | 0.07 |
| 2 | 果园 | 841 | 0.02 |
| 3 | 花园 | 84 | 0.00 |
| 4 | 灌溉地: 高密度种植(一年一熟) | 132584 | 3.40 |
| 5 | 灌溉地: 高密度种植(一年两熟) | 393 | 0.01 |
| 6 | 灌溉地: 间歇种植 | 80749 | 2.07 |
| 7 | 常年沼泽地 | 9295 | 0.24 |
| 8 | 季节性沼泽地 | 265 | 0.01 |
| 9 | 常年冰雪覆盖 | 4147 | 0.10 |
| 10 | 雨水灌溉粮食区(平坦区域) | 92330 | 2.36 |
| 11 | 雨水灌溉粮食区(坡区) | 89574 | 2.30 |
| 12 | 牧场(草地、杂草与低矮灌木) | 2398019 | 61.46 |
| 13 | 裸露岩石、裸土 | 1090423 | 27.95 |
| 14 | 水体 | 251 | 0.01 |
| | 合计 | 3901721 | 100 |

图 4.2　哈里罗德河流域土地利用图（AIMAS，2005）

# 4.2 数据收集和预处理

## 4.2.1 水文数据

水文资料包括主要数据和次要数据，其中主要数据为哈里罗德河不同位置实地调查的河流断面数据，次要数据为从阿富汗赫拉特市灌溉部门和 FAO - EIRP 办公室收集的水文数据。

哈里罗德河流域的径流数据包括近期数据集和历史数据集，近期数据集记录时期是 2001—2008 年，历史数据集记录时期是 1961—1980 年。由于多年冲突，两个时期之间（1981—2000 年）没有任何观测资料。表 4.1 总结了从赫拉特灌溉部门获得的可用站点和流域数据。表中站点是按照由上游向下游排序的。

表 4.1　　　　　　　　河流径流测站（MEW，2008）

| 编码 | 站　名 | 位　置 | 集水面积/ km² | 站点高程 (MSL) /m | 历史记录时期 | 近期记录时期 |
|---|---|---|---|---|---|---|
| — | Salma Dam | Hari Rod 河干流 | — | — | — | 2005 年 |
| 96 | Dowlat Yar | Hari Rod 河干流 | 2840 | 2440 | 1970—1979 年 | — |
| 95 | Checkcheran | Hari Rod 河干流 | 6090 | 2250 | 1962—1980 年 | — |
| 93 | Tagab Gaza | Hari Rod 河干流 | 11920 | 1460 | 1962—1980 年 | 2001—2008 年 |
| 92 | Langar | Hari Rod 河干流 Kowghan 支流 | 7490 | 1230 | 1962—1980 年 | — |
| 91 | Rabat - e - Akhond | Hari Rod 河干流 | 21630 | 1170 | 1966—1980 年 | 2008 年 |
| 90 | Karokh | Hari Rod 河北支 | 1390 | 1145 | 1973—1979 年 | — |
| 89 | Pull - e - Pashtoon | Hari Rod 河干流 | 26130 | 940 | 1963—1976 年 | — |
| 88 | Pull - e - Hashimi | Hari Rod 河干流 | 27260 | 850 | 1972—1980 年 | — |
| 87 | Khush Rabat | Hari Rod 河北支 | 65 | 1320 | 1969—1979 年 | — |
| 86 | Tirpol | Hari Rod 河干流 | 31760 | 750 | 1969—1980 年 | 2007—2008 年 |

注　记录年份为一个水文年，每年的记录开始时间为上一年的 10 月，并于当年 9 月结束。

就哈里罗德河而言，这些数据的突出特征是可以将河道划分为两个非常明显的河段，即塔加布加沙站的下游和上游。上游河段包括狭窄的支流和河槽，宽度约小于 100m。而下游河段与上游相差甚远，河道的宽度和深度都增加了很多，水流也更为曲折。

## 4.2.2 气象数据

现有的近期（2000—2008 年）气象数据来自于赫拉特市，其中 Urdokhan

实验农场和赫拉特机场为气象数据的主要来源。这里所展示的数据是这些来源的组合，一般，我们认为这些数据是可靠的。历史（1941—1998 年）数据和近期数据根据数据类型会有所区别，每种数据类型的详细信息如下所述。

1. 气温数据

历史和近期月均值数据的对比表明近些年气候显著变暖，如图 4.3 所示。

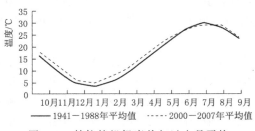

图 4.3 赫拉特机场当前与过去月平均气温对比（MEW，2008）

观测数据显示冬季气温大概有 2℃ 的变化。具体而言，冬季气温平均升高了大概 2℃，而夏季气温没有显著变化。由于过去 44 年的数据比近 7 年的数据包含更多的极端事件，因此在此次评估中，需要注意这个问题。赫拉特机场当前与过去月平均气温对比如图 4.3 所示。

2. 蒸发数据

哈里罗德河流域可用的蒸发数据非常少，部分数据来自 Urdokhan 实验农场的 FAO 水文气象站（见表 4.2）。这些数据观测期为 2001—2007 年，其中有少量缺测。

**表 4.2 Urdokhan 实验农场的 FAO 水文气象站月平均蒸发量（MEW，2008）**

| 月份 | 10 | 11 | 12 | 1 | 2 | 3 | 4 | 5 | 6 | 7 | 8 | 9 |
|---|---|---|---|---|---|---|---|---|---|---|---|---|
| 蒸发量/mm | 4.9 | 2.2 | 0.8 | 0.8 | 1.7 | 3.1 | 3.5 | 5.3 | 8.5 | 9.1 | 8.7 | 5.9 |

注 记录年份是一个水文年，从上一年 10 月到当年 9 月。

流量监测站点和调查的横断面位置如图 4.4 所示。横断面主要取自沿河的几个浅滩（riffles）。横断面的数据列表及其他详细信息见附录 A。哈里罗德河流域地图、土地利用数据和 GIS 数据均来自赫拉特市的阿富汗信息管理服务局（AIMS）。

3. 降雨数据

可用的降雨数据是由机场气象站收集的月平均降雨数据，其中历史数据的时间范围是 1941—1988 年，其中有 3 年数据记录不全，有 4 年数据完全缺失，因此总共有 40 年的完整数据。除此以外，Urdokhan 实验农场自 2001 年开始重启了数据收集工作，因此 2001—2005 年的日降雨数据是可用的。根据整个数据集所估算的年平均降雨量约为 236mm。机场测站年平均降雨量如图 4.5 所示。

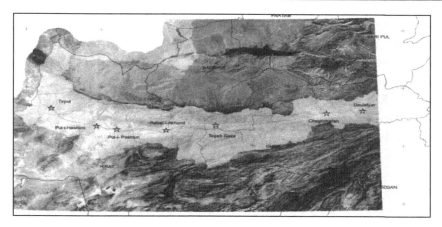

图 4.4 流量监测站点和调查的横断面位置图

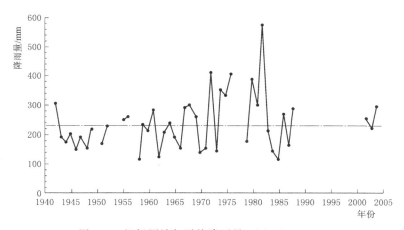

图 4.5 机场测站年平均降雨量 （MEW，2008）

## 4.3 用水与环境价值

民用价值：阿富汗农村地区的生活用水供应在过去一直没有得到足够的重视。即使在城市地区，供水系统的发展水平仍然很低。哈里罗德河沿岸的居民在饮用水和其他家庭用水方面强烈依赖于河水。虽然不能保证水的卫生质量，但由于没有其他可替代的水源，该地区居民不得不饮用河水。除了灌溉、农业、生态和环境因缺水而受到的干扰外，该地区显然还存在许多社会经济问题。同样，特别是在干旱季节，由于缺水导致许多家庭为了饮水和其他方面的家庭用水不得不长途跋涉去取水。

畜牧业价值：牲畜饲养是阿富汗传统农耕制度的重要组成。尤其在农村地区，农业种植通常与牲畜饲养并行。除了完全依赖畜牧为生的游牧民族外，农村人口也主要从事牲畜饲养。即使在不同的放牧季节，游牧民族的牲畜群也是在邻近地区放牧，因此哈里罗德河依然是主要的饮用水源。在哈里罗德河附近居住的农村人口不仅依赖河水作为他们的饮用水和其他用水，而且河水在此地区的牲畜饮用水供应方面也发挥着关键作用。除此之外，河岸地区通常具有较强的天然草再生能力，因此还可以为这里的牲畜提供饲料。在附近的农村地区，有些人还会收集一些木料和灌木丛，以满足他们取暖和烹饪所需的部分燃料需求。

河岸上有丰富的天然草地，是候鸟和本地鸟类的理想栖息地。尤其是在孵化季节，它为各种鸟类的筑巢和孵化提供了自然栖息地。该地区的总体生物多样性，特别是鸟类和一些昆虫，完全得益于该地区正常的环境流量。因此，为了保持该区域的生物多样性，保证环境流量的平衡至关重要。

渔业价值：鱼是哈里罗德河的重要产品。该地区的居民从事捕鱼工作主要是为了自给自足，以及向市场供应，以赚取部分收入。因为部分农村人口负担不起从市场购买肉类，因此这些地区的自然捕捞主要是用于自给自足。

全国对鱼肉的需求量很大，因此它在市场上有很好的经济效益。有些人在这个地区从事养殖渔业，其渔业活动完全依赖于河水自身情况和河流中的天然鱼类。据 2007 年联合国粮食与农业组织（FAO）的报道，这条河中的主要鱼类是白花鱼（属于鲤科的二须舥）和红尾副鳅（属于鳅科）。通常，在干旱季节，河流中的水位已不能维持鱼类数量，所以这条河上的渔业就得停止。在严重缺水的情况下，现存的鱼类会迁移到河道表面的天然沟渠中，在那里往往会发生过度捕捞的情况。此外，新出生的小鱼通常会迁移到水相对较少的浅水池里，然而，几天后，在水自然蒸发干以后，它们也就死亡了。如果该地区的环境流量，特别是在旱季，能够保持稳定，那么其渔业则会发展的较好。

在赫拉特市，一个政府养鱼场被出租给了一批私人投资者，但是当地用水群体禁止投资者们使用渔场旁边灌溉渠里的水（当这是国家行为时是被允许的）。现在，渔场是从它的一口浅井里抽水。据 2007 年亚太地区林业委员会（APFC）的报道，赫拉特市每年对鱼类的需求量估计为 4.2 亿 t，其中 90% 是从伊朗进口的。

# 4.4　萨尔玛大坝数据

萨尔玛大坝位于赫拉特省切什特-埃沙里夫附近，且被规划为一个多目标工程。大坝从 20 世纪 70 年代开始建造，但由于多年战争冲突，建设工作一度被推迟。该项目所设想的社会经济效益包括以下几点：首先是水力发电，装机容量为 42MW（一期）；其次是能够满足当前 3.5 万 $hm^2$ 的灌溉用水需求；同时发展灌溉设施使第二期的灌溉面积额外增加 4 万 $hm^2$。根据最新研究，该项目设想在主坝体上设置一个灌溉口并借助下游取水堰/拦河坝工程及相关的渠道系统，以满足工程二期预计达到的 7.5 万 $hm^2$ 灌溉面积的要求。表 4.3 是从赫拉特灌溉部门获得的有关萨尔玛大坝的汇总资料。

表 4.3　　　　　　　　　萨尔玛大坝物理特性（MEW，2008）

| 序号 | 分 类 | | 描 述 |
|---|---|---|---|
| 1 | 位置 | 纬度 | N34°24′ |
| | | 经度 | E63°49′ |
| | | 河流名称 | 哈里罗德河 |
| 2 | 水文 | 流域面积 | 11700$km^2$ |
| | | 最大年降雨量 | 300mm |
| | | 最小年降雨量 | 100mm |
| | | 最大年记录洪水流量 | 723$m^3$/s |
| | | 最小年记录洪水流量 | 99$m^3$/s |
| | | 设计洪水流量 | 2100$m^3$/s |
| | | 导流隧洞过流能力 | 1115$m^3$/s |
| 3 | 水库 | 最高水位 | 1645.84m |
| | | 最高运行水位 | 1643.5m |
| | | 死水位 | 1602m |
| | | 总库容 | 63300 万 $m^3$ |
| | | 调节库容 | 51400 万 $m^3$ |
| 4 | 大坝 | 坝型 | 土石坝（内含软石和沙砾） |
| | | 坝高 | 107.5m |
| | | 坝顶长度 | 551m |
| | | 河床水位 | 1547m |
| | | 坝顶高度 | 1647.5m |
| 5 | 导流隧洞 | 型式 | 马蹄形 |
| | | 直径 | 8.5m |
| | | 长度 | 630m |
| | | 仰拱 | 进口高程为 1552.42m |
| 6 | 溢洪道 | 顶部高程 | 1633.5m |
| | | 底部高程 | 1600m |
| | | 长度 | 154.95m |
| | | 挑流鼻坎高程 | 1579.69m |
| | | 孔 | 3 个，每个 8m 宽 |
| | | 墩 | 2 个，7m 和 5m 厚 |
| | | 闸门 | 弧形闸门 3 个，每个 8m×11.085m（宽×高） |
| | | 出流量 | 2100 $m^3$/s |

续表

| 序号 | 分类 | | 描述 |
|------|------|------|------|
| 7 | 灌溉水闸 | 闸门数量 | 1 |
| | | 闸门位置 | 穿过溢洪道墩 |
| | | 闸墩厚度 | 5m |
| | | 出流量 | 水库水位降至 1602m 时出流量为 15 $m^3/s$ |
| | | 水闸底平面高程 | 1587m |
| 8 | 动力闸 | 闸门数量 | 1 |
| | | 闸门位置 | 穿过溢洪道墩 |
| | | 闸墩厚度 | 7m |
| | | 出流量 | 最大 63 $m^3/s$ |
| | | 水闸底平面高程 | 1591.16m |
| | | 工作闸门 | 矩形，3.52m×7.45m（宽×高） |
| | | 应急闸门 | 矩形，3.52m×11.445m（宽×高） |

**注** 所有高程皆按平均海平面高度计算。

萨尔玛大坝是为了充分发挥哈里罗德河在坝址处的潜能而提出建设的，其上游蓄水是要保证灌溉和发电的双重效益，因此该工程的运行应该既要考虑灌溉，又要考虑发电。另外，坝址处 1961—1980 年 20 年的河流入流观测数据是可用的。

由于灌溉水平的提升需要一些时间，可能要一直等到下游调控工程和引水系统的投入使用，因此建议水库在最初几年仅以保证电力效益为目的来运行，在今后几年再兼顾考虑灌溉和电力的双重利益。

相应地，设计了两种备选方案：①水库以发电为目的运行；②水库运行兼顾发电和灌溉，并在灌溉需求较低的特定月份内，保证特定的电力供应。

**1. 灌溉需求数据**

支流和冲刷区附近的灌溉用水主要来源于流域的地表水，春季里，冬季积雪融化造成的洪水外加晚冬和早春的降雨会导致河道的入流量达到高峰。一般而言，哈里罗德河流域上游地区的积雪和降雨量比下游地区多，通常该区域是灌溉用水的主要来源。

灌溉用水的另一个重要但具有偶然性的来源是旁侧山谷的洪水，通常用于冬小麦和春季作物的灌溉。拟建大坝将灌溉哈里罗德河流域下游地区，并补充由近 21 条支流组成的下游河谷地区的水量。图 4.6 显示了哈里罗德河上塔加布加沙测站记录的月平均可用水量和月最小可用水量以及月平均灌溉需水量。

由图 4.7 可知，萨尔玛水库总容量为 63300 万 $m^3$，而图 4.6 显示最大灌溉需水量发生在 7 月，其数值为 148.0700 万 $m^3$，但水库的最大入流量却出现在 5 月，因此，水库应于 4—6 月蓄水，并从 7 月开始放水，以满足灌溉需求。表 4.4 列出了每月平均灌溉需水量。

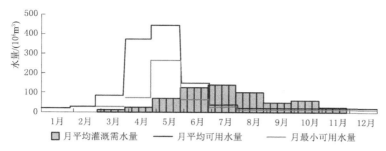

图 4.6 灌溉需水量与塔加布加沙测站可用水量（MEW，2008）

### 2. 水库蒸发数据

萨尔玛水库蒸发数据是从能源和水利部（MEW）收集的。每月蒸发数据均被估算出来，并用于项目承包商对拟议大坝方案的可行性研究（WAPCOS，2004）。从春季的中间到夏季结束（5—9月底），这个时期流域内的温度很高，所以拟建水库的蒸发量也很高。本书研究以所提议的水库物理参数及运行数据（估计灌溉需水量、蒸发量等）作为关键情景，将模拟结果与考虑 EFR 和其他重要需水量的补充备选情景进行比较。萨尔玛大坝逐月的蒸发量和灌溉需水量见表 4.4。

表 4.4　　　　　　　　萨尔玛大坝运行数据（MEW，2008）

| 月份 | 水源保护区对应水位/m | 防洪控制水位/m | 死水位/m | 水库蒸发量/$(10^6 m^3)$ | 灌溉需水量/$(10^6 m^3)$ | 入流量/$(10^6 m^3)$ |
|---|---|---|---|---|---|---|
| 1 | 1618.74 | 1645.84 | 1602.00 | 0.14 | 1.60 | 21.01 |
| 2 | 1613.28 | 1645.84 | 1602.00 | 0.11 | 5.20 | 24.83 |
| 3 | 1606.07 | 1645.84 | 1602.00 | 0.15 | 10.00 | 85.71 |
| 4 | 1602.02 | 1645.84 | 1602.00 | 0.29 | 22.00 | 374.49 |
| 5 | 1629.49 | 1645.84 | 1602.00 | 1.67 | 71.00 | 443.12 |
| 6 | 1643.34 | 1645.84 | 1602.00 | 2.57 | 121.00 | 148.07 |
| 7 | 1643.50 | 1645.84 | 1602.00 | 2.62 | 136.00 | 37.41 |
| 8 | 1637.38 | 1645.84 | 1602.00 | 2.11 | 101.00 | 20.01 |
| 9 | 1632.11 | 1645.84 | 1602.00 | 1.28 | 49.80 | 19.13 |
| 10 | 1629.19 | 1645.84 | 1602.00 | 0.78 | 54.80 | 19.05 |
| 11 | 1625.82 | 1645.84 | 1602.00 | 0.34 | 15.20 | 21.62 |
| 12 | 1622.50 | 1645.84 | 1602.00 | 0.21 | 0.00 | 20.37 |

表 4.4 中提到的灌溉需水量、水库蒸发量和运行数据是由 WAPCOS 在水资源领域的国际顾问估算的。萨尔玛水库水位-面积-容积曲线如图 4.7 所示。

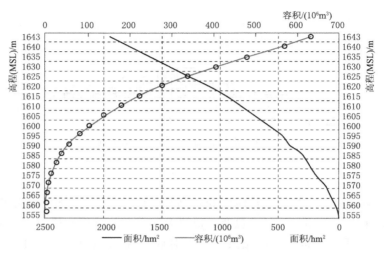

图 4.7　萨尔玛水库水位-面积-容积曲线 （MEW，2008）

萨尔玛水库总库容为 63300 万 $m^3$，总有效库容为 51400 万 $m^3$。根据位于萨尔玛大坝上游的塔加布加沙测站记录的 19 年的数据，水库平均年入流量为 121700 万 $m^3$。另外，据估算，7.5 万 $hm^2$ 耕地的平均年灌溉需水量为 58762 万 $m^3$，而水库的年平均蒸发量为 1220 万 $m^3$。

# 第5章 结果和讨论

## 5.1 环境流量需求

哈里罗德河的主要支流位于流域偏下游位置，由于对可利用的灌溉用水需求的增长，致使那里的环境流量受到一定威胁，因此，本书对于环境流量需求的计算是针对位于流域偏下游的测站进行的。塔加布加沙站和蒂尔波尔站分别位于哈里罗德河的中、下游，另外沿河还有3个流量测站。本书将所有的水文学和水力学方法均应用于上述测站。下面的各小节中分别给出了由每种方法计算得到的环境流量需求结果。

## 5.2 环境流量估算：Tessman 法

应用 Tessman 法计算环境流量时需要使用哈里罗德河下游测站的日流量时间序列数据，而时间序列分析时段分别为1961—1980年、2005—2006年和2007—2008年。图5.1展示了塔加布加沙站的环境流量需求和月平均流量情况。观测结果表明，从3月到6月底，年平均流量小于月平均流量，因此环境流量需求等于年平均流量的40%；在其余月份，年平均流量大于月平均流量，因此环境流量需求等于月平均流量。用此方法计算得到的最大环境流量需求为15.9m³/s，并在高流量时期一直保持该水平。从冬季末到春季初，环境流量需求急剧增加，并在一段时期内维持不变，而此后，环境流量需求下降到最低

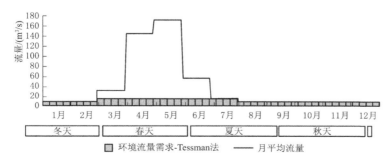

图5.1 环境流量需求（Tessman 法）与月平均流量对比图（塔加布加沙站）

水平。虽然在干燥和潮湿时期，计算得到的环境流量需求不同，但据观察，Tessman 法在这两个时期的计算结果也有很大的不同，并且有些时候结果是被高估的。表 5.1 汇总了流域下游测站的 EFR 的计算结果。

表 5.1　　　利用 Tessman 法所估算的 EFR（下游测站）

| 月份 | 塔加布加沙站 EFR/ $(m^3/s)$ | 普什图站 EFR/ $(m^3/s)$ | 哈希米站 EFR/ $(m^3/s)$ | 蒂尔波尔站 EFR/ $(m^3/s)$ |
|---|---|---|---|---|
| 1 | 7.9 | 6.99 | 10.62 | 12.44 |
| 2 | 9.2 | 11.2 | 11.48 | 12.48 |
| 3 | 15.7 | 15.6 | 12.49 | 12.48 |
| 4 | 15.9 | 15.31 | 12.49 | 12.48 |
| 5 | 15.9 | 15.31 | 12.49 | 12.48 |
| 6 | 15.9 | 14.75 | 8.96 | 12.48 |
| 7 | 14 | 0.44 | 1.36 | 0.79 |
| 8 | 7.7 | 0.29 | 0.92 | 0.1 |
| 9 | 7.4 | 0.35 | 1.02 | 0.08 |
| 10 | 7.1 | 0.6 | 1.76 | 0.16 |
| 11 | 7.6 | 1.37 | 3.72 | 2.35 |
| 12 | 7.6 | 2.04 | 7.15 | 5.21 |

据表 5.1 中数据，塔加布加沙站位于拟建的大坝位置附近，使用 Tessman 法估计的 EFR 结果是令人满意的。但是评估结果表明，该测站下游（普什图站、哈希米站和蒂尔波尔站）的环境流量存在较大压力，这是因为在夏季哈罗里德河流域下游的上半部分面临巨大的灌溉需求。

## 5.3　环境流量估算：FDC 法

用流量历时曲线法可以获得所需测站完整的河道内流量分布情况。通常将 $Q_{95}$ 和 $Q_{90}$ 用作低流量指数，代表了保护河流生态系统完整性的极端低流量条件。下游测站的月时间序列流量用于估算 EFR。现有的流量数据是从 1960 年至 1980 年，因此这些数据不受流量调节的影响，表示无调节河流的流量情况。采用 $Q_{90}$ 作为优化的环境流量指标。表 5.2 展示了河流不同地点的 EFR（$Q_{90}$），对塔加布加沙站估计的 EFR 是可以接受的，但对于其他测站（普什图站、哈希米站和蒂尔波尔站）来说，指示流量 $Q_{90}$ 非常小，这主要是由上述测站上游的灌溉用水压力所致。

评价结果表明，在灌溉需求较小的春季，河流有足够的流量，但在灌溉需求较高的夏季，河流流量并不满足需求，需要使用地下水来维持灌溉。因此，水生生物群并没有得到保护。可以采用 $Q_{50}$ 作为水生生物群保护的指标，它通常被认为是水资源规划的基础流量。下游测站的 $Q_{50}$ 估计值见表 5.2，其中普什图站的 $Q_{50}$ 指标值小于下游哈希米站的指标值。需要注意的是，FDC 展示了从低流量情况到洪水事件的完整的河流流量过程，因此这两个测站流量的不同，表明了地下水对下游河流的贡献程度。上述测站的流量历时曲线见附录 B。

表 5.2　　　　　　　　　　利用 FDC 法所估算的 EFR

| 编码 | 测站名称 | 海拔/m | $Q_{90}$/（m³/s） | $Q_{50}$/（m³/s） |
|------|----------|--------|------------------|------------------|
| 93 | 塔加布加沙 | 1460 | 5.61 | 9.64 |
| 89 | 普什图 | 940 | 0.18 | 1.15 |
| 88 | 哈希米 | 850 | 0.86 | 8.31 |
| 86 | 蒂尔波尔 | 760 | 0.04 | 2.40 |

## 5.4　环境流量估算：7Q10 法

7Q10 流量为近 10 年中每年连续 7d 最枯的平均流量，被普遍用作防止或控制废水排放以保障河水质量的指标。除此之外，7Q10 流量也用来预防干旱对生态和生物的不利影响。应用此方法估算 EFR 时需要使用日时间序列数据。计算结果，即量化的 EFR 见表 5.3。该方法得到的结果比 FDC 法得到的结果总体偏大，但其中估算的塔加布加沙站的最小流量为 $5.1 m^3/s$，FDC 法的计算结果与该值基本一致。考虑到 7Q10 法的应用目标，这里计算得到的最小流量是为了保护河流水质。蒂尔波尔站位于河流下游，该站的 EFR 非常小，为 $0.085 m^3/s$，这是由河流在下游发生断流（消失在沙地中）所造成的。

表 5.3　　　　　　　　　　利用 7Q10 法所估算的 EFR

| 编码 | 测站名称 | 海拔/m | 7Q10 法估算的 EFR/（m³/s） |
|------|----------|--------|---------------------------|
| 93 | 塔加布加沙 | 1460 | 5.100 |
| 89 | 普什图 | 940 | 0.380 |
| 88 | 哈希米 | 850 | 0.900 |
| 86 | 蒂尔波尔 | 760 | 0.085 |

根据蒂尔波尔站的水文过程图可知，通常在 7 月至次年 2 月底下游河道中的水较少，只有在洪峰流量期间，河流流量才能满足灌溉和环境需水量。这反映了这一时期过度使用河水进行灌溉的情况。用 7Q10 法得到的 EFR 的详细

结果见附录 B。

## 5.5　环境流量估算：湿周法

选择沿河的塔加布加沙、普什图和蒂尔波尔 3 个测站，利用湿周法确定河道流量。之所以选择这 3 个站点，是因为这些站点有可用的逐日流量数据和勘测的断面数据。此次研究以年为基本周期来确定河道内流量，目的主要是能够将河道内流量的量化结果与其他方法进行比较。同时，为了维持生态系统健康，必须保持河道内流量的年内变化。

想要在湿周与流量关系曲线上找到曲率最大的点是很复杂的，为了减少主观性的发生，通常根据湿周与流量关系曲线的斜率断点来确定 EFR。

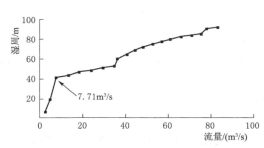

图 5.2　EFR -湿周法（塔加布加沙站）

参见图 5.2，该河段的低流量估算值为 7.71m³/s。该结果对应的调查点位于塔加布加沙站附近，而对塔加布加沙站使用 7Q10 法得到的结果比该结果要小得多。其余的河流横断面和估算结果见附录 A。

## 5.6　环境流量估算：IHA 法

IHA 法利用塔加布加沙站 20 年（1961—1980 年）逐日时间序列数据生成 32 个水文变化参数，来表征哈里罗德河的流量自然变化范围。由于该方法允许设置单一时段分析或者同一流量站两个时段的比较分析，因此本书采用非参数统计的单时段分析来生成水文变化参数。评估结果表明，近时期流量与历史（人类未居住）时期流量相比存在差异。在特定月份，近时期的月枯水流量显著减少，如图 5.3 所示。

因为流态是河流生态过程的主要驱动力之一，月枯水流量的减少将直接影响河流生态系统。由于观测数据同时反映了自然和人为因素，因此很难区分到底是由于水土资源的人为利用还是由于气候和降水的变化而引起的流态变化。因此，为了量化变化程度以及受影响前的环境流量需求，需要对历史流态和近期流态进行比较。

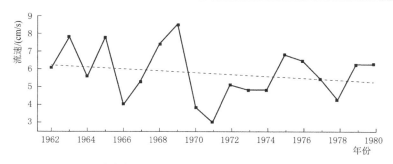

图 5.3　非参数分析——9 月枯水流量（塔加布加沙站）

塔加布加沙站受影响前后的水文变化如图 5.4 所示。从图中可以看出，10 月枯水流量中值从受影响前的 $6.4 m^3/s$ 下降到了 $5.3 m^3/s$。各月的流量中值变化见表 5.4。从表中可以看出，4 月和 5 月的流量中值在受影响前后变化显著。根据 IHA 法，月流量中值大小会影响水生生物栖息地的可用性、水温、水体的光合作用和其他参数，因此，流量大小及其频率和持续时间的变化将直接影响河流生态系统中动植物的生命周期。

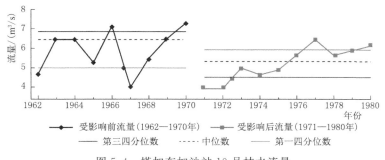

图 5.4　塔加布加沙站 10 月枯水流量

通常，水文变化在大多数月份里的估计值为负值，这意味着数值应该落在目标范围内的预期年数大于水文参数实际年度变化观测值落在目标范围内的年数。

表 5.4　　　　　　　　　基于 IHA 法的月中值流量变化汇总

| 月份 | 1 | 2 | 3 | 4 | 5 | 6 | 7 | 8 | 9 | 10 | 11 | 12 |
|---|---|---|---|---|---|---|---|---|---|---|---|---|
| 受影响前 | 4.3 | 5.6 | 10.9 | 67.4 | 151.0 | 37.5 | 10.5 | 5.7 | 6.1 | 6.4 | 5.5 | 5.0 |
| 受影响后 | 5.0 | 5.8 | 9.0 | 113.5 | 141.0 | 38.9 | 8.7 | 5.0 | 5.4 | 5.3 | 5.4 | 5.2 |

观测结果表明，最小和最大 1d、3d、7d、30d 和 90d 流量值在人类活动影响前后有显著变化，这可能导致水生态系统处于完全压力状态，如植物的厌氧

胁迫状态以及水生环境的低氧和高化学物质浓度状态，见表 5.5。尽管流量大小发生了变化，低流量和高流量脉冲计数仍然没有显著变化，但是低流量脉冲的平均持续时间相应减少了。这可能会导致各种物种的繁殖或死亡，进而可能影响种群动态。

针对塔加布加沙站的非参数月枯水流量分析结果表明，受影响后时期的洪峰流量和洪量比受影响前时期的值增加了 4%，如图 5.5 所示。受影响后时期的水文情势正向、反向变化与受影响前时期相比均有所增加。通过界定水文观测记录中的上升期和下降期可以确定一系列的反转事件。这些上升期和下降期分别与日流量的增加和减小变化时段相一致，这些反转事件发生的次数进而被描述成了流量从一种形态转变为另一种形态的次数。在受影响前时期里观测到了更多次的反转情况发生。

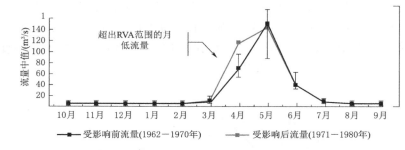

图 5.5　塔加布加沙站的月流量变化范围分析

在 4 月，受影响后时期的中值流量超出了 RVA 范围，这可能导致水生生物的栖息地不可用或影响其进入筑巢地点。此外，这种变化的趋势可能影响水温和氧气水平，而水温和氧气水平对水生生物的可持续性起主导作用。

本书计算了 5 种不同类型的环境流量分量（低流量、极低流量、高流量脉冲、小洪水和大洪水）来调整 EFR。通常认为低流量是河流的优势流量条件。考虑到哈里罗德河流域的主要水源是降雪，估算河流的低流量是必不可少的，因为随着融雪期的过去，来自集水区的相关地表径流减退，因此河流返回至基础流量或低流量水平。表 5.4 列出了受影响前后时期的低流量估算值。从表中可以看出，受影响前后时期的低流量峰值之间存在极大差异，受影响前时期的低流量峰值及其持续时间大于受影响后时期的值，这表明流量的大小和频率发生了变化。

估计极低流量的大小及其持续时间可用来评估干旱期间的河流状态，因为当河流水位降至非常低的水平时，可能会对许多生物造成生存压力，但同时可能为其他物种提供必要的生存条件。受影响前时期的极小流量峰值和持续时间

的估计值分别为 $3.36m^3/s$ 和 18d。通过前后比较发现，尽管流量大小没有显著变化，但持续时间的变化相当大，见表 5.5。任何不超过河岸的水位上升均被认为是高流量脉冲，在哈里罗德河流域，在暴雨或短暂的融雪期间，河流水位将高于低流量水平。表 5.5 列出了哈里罗德河的高流量脉冲估算值。这种变化允许鱼类和其他可移动生物进入上下游区域，这些现象通常发生在小洪水期间，但是低流量脉冲和小洪水洪峰的流量大小和持续时间并没有显著变化。

表 5.5　　　　　　　　　　环境流量分量：IHA 参数

| IHA 参数 | 影响前 | 影响后 | 环境流量参数（EFC） | 受影响前 | 受影响后 |
|---|---|---|---|---|---|
| 年 1d 最小均值 | 3.3 | 3 | 10 月低流量 | 6.4 | 5.6 |
| 年 3d 最小均值 | 3.4 | 3.48 | 11 月低流量 | 5.5 | 5.4 |
| 年 7d 最小均值 | 3.4 | 3.55 | 12 月低流量 | 5.5 | 5.3 |
| 年 30d 最小均值 | 3.7 | 3.87 | 1 月低流量 | 4.7 | 5.2 |
| 年 90d 最小均值 | 4.4 | 4.94 | 2 月低流量 | 5.0 | 5.8 |
| 年 1d 最大均值 | 262 | 243.5 | 3 月低流量 | 6.3 | 7.9 |
| 年 3d 最大均值 | 251.3 | 229.7 | 4 月低流量 | 11.1 | 9.2 |
| 年 7d 最大均值 | 241.6 | 207.5 | 5 月低流量 | 11.1 | 9.2 |
| 年 30d 最大均值 | 180.4 | 178.2 | 6 月低流量 | 19.9 | 15.1 |
| 年 90d 最大均值 | 112.5 | 107.4 | 7 月低流量 | 10.5 | 8.7 |
| 低脉冲数 | 3 | 3.5 | 8 月低流量 | 6.2 | 5.1 |
| 低脉冲持续时间 | 10 | 7.25 | 9 月低流量 | 6.1 | 5.6 |
| 高脉冲数 | 1 | 1 | 极低流量 | 3.4 | 3.3 |
| 高脉冲持续时间 | 81 | 81.5 | 极低流量持续时间 | 18.0 | 5.8 |
| 上涨速率 | 1.4 | 1.03 | 极低流量测定时刻 | 9 | 8 |
| 下降速率 | −1 | −0.93 | 极低流量频率 | 1 | 1 |
| 逆转数 | 53 | 48.5 | 高流量下降速率 | −1.6 | −1.9 |
| 高流量峰值 | 16 | 56.25 | 小洪水洪峰流量 | 306 | 306 |
| 高流量持续时间 | 11 | 27.25 | 小洪水持续时间 | 114 | 93 |
| 高流量测定时刻 | 76 | 115.5 | 小洪水测定时刻 | 122 | 129 |
| 高流量频率 | 2 | 1 | 小洪水频率 | 1 | 0.5 |
| 高流量上涨速率 | 2.4 | 1.93 | 小洪水上涨速率 | 6.7 | 9.1 |

注　持续时间单位为 d，流量单位为 $m^3/s$，速率单位为 $m^3/(s \cdot d)$。

IHA 法中涉及的 32 个开发前参数的自然变化常用来作为判定河流自然流动状态改变水平的参考点，也可用作明确初始环境流量目标的评估基础。Richter 等（1997）建议水资源管理者应保持 IHA 参数年度值的统计分布尽可能接近开发前的分布。因此，本书认为受影响前的环境流量分量是确定哈里罗德河流域初始 EFR 的基础。每个参数的变化范围和 RVA 界限以及其他 IHA 参数在附录 B 中给出。

## 5.7　各方法的比较

在最初的分析筛选阶段，Tessman 法一般能够提供良好的结果，但是在一些情况下，由该方法得到的估算值会偏低或偏高，尤其在季节性条件下，通常会得到预想不到的结果。使用该方法针对旱季所得出的评估结果比使用其他方法要高得多。考虑到流域水资源的供需矛盾，有时很难按这一分析结果给河流分配水量。而通过 FDC 法获得的结果则远低于 Tessman 法估算的结果，但需要注意的是，FDC 法对完整流量分布进行了简化并仅显示了极低流量的范围，却没有揭示季节性影响的细节。由于保持流量的年内变化是非常有必要的，所以该方法仅可用于从低流量情况到洪水事件的整个河流流量系列的初步分析。因此，单个的、最小的阈值流量并不能代表一条河流整体的环境流量需求，但可作为河流在干旱季节应当维持的低流量，如图 5.6 所示。

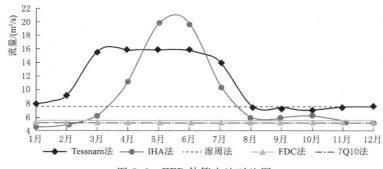

图 5.6　EFR 估算方法对比图

与其他方法相比，使用 7Q10 法获得的结果在流量大小上要小得多，该方法得到的结果可用于防止干旱对生态及生物造成不利影响。另外，河流如果维持该方法推荐的流量，还可以保护或调节河水水质免受废水的污染。但是当涉及季节性变化问题时，在实际管理中不能完全依赖 7Q10 法、FDC 法和湿周法得到的 EFA 估算结果。

IHA 法在流量大小、持续时间和流态变化频率之间的结果是比较协调的，而流态变化是生态过程的主要驱动因素之一，因此越来越多的人认识到需要有考虑年内和年际变化的水文机制来保持和恢复水生生态系统的自然形态和功能。类似于 IHA 法的这种变化范围法是水文学方法中最复杂的形式。考虑到水文情势变化在维持生态系统中的关键作用，IHA 法旨在提供流态的生态相关特性综合统计特征。因此，通过该方法得到的 EFA 结果可以考虑用来模拟水库运行情况以及评估 EFR 对人类生产、生活需求的影响。

## 5.8 考虑环境流量的水库调度模拟情景

流域内的用水需求优先考虑灌溉和水力发电，因此水库应当优先满足当前 4.2 万 hm² 的灌溉需求，以及建设初期设计的 42MW 装机容量。萨尔玛大坝预计在灌溉设施建成后，能够稳定满足未来 7.5 万 hm² 的灌溉需求。由于灌溉设施的发展需要时间，因此建议水库在建设之初的调度运行可以仅考虑满足水力发电需求，在后续阶段则要兼顾灌溉和水力发电。考虑到萨尔玛大坝的蓄水量，当水库仅用于水力发电时，灌溉并不缺水，并且无意中环境流量需求也能得到满足。因此，本书只针对将来的影响进行评价，即：灌溉需求高，而水库的调度运行要满足灌溉和水力发电两方面的需求，同时又要考虑环境流量需求。

基于 20 年的日时间序列数据，采用 HEC - Ressim 模型模拟水库调度运行情况。为了评估考虑 EFR 对灌溉和水力发电需求的影响，制定了不同的情景。第一种情景不考虑 EFR，目的是评估大坝的设计运行状况。在第二种情景的模拟中特意考虑了 EFR，以评估考虑环境流量对其他方面用水需求的影响。第三种情景的设定是为了减轻考虑 EFR 对其他方面用水需求所带来的不利后果。

情景Ⅰ：不考虑 EFR 的水库调度模拟

由于萨尔玛大坝是为满足灌溉和发电需求而设计的，因此，制定该情景的目的是为了详细说明大坝建设运行后的状况。评价结果表明，在 20 年的分析期中，有 18 年能完全满足灌溉需求。图 5.7 展示了水库基于时间序列的日入流量、出流量和灌溉需水流量。可以看到，在两个干旱年份的特定月份（旱季）出现了灌溉缺水的情况。如图 5.7 所示，1970—1971 年的可利用水量非常少，1966 年的情况类似，因此在本书中将着重分析这些年份的情况。图 5.8 显示了 1971 年 8—11 月的灌溉缺水情况，该年份的总径流量为 281 万 m³，而多年平均年灌溉需水量和年径流量分别为 584 万 m³ 和 1217 万 m³。这就意味着在正常年份或者丰水年，如果水库入流量等于或高于平均年径流量的话，将不会出现灌溉缺水情况。此外，据观测，1969—1970 年总的水库入流量与 1971 年几乎相同，但并没有观测到缺水情况，这是因为 1968—1969 年的水库来水较丰，即入库水量高于预计的平均入库水量，除了满足当年的用水需求外，大部分水被储存并于 1970 年下泄，因此在这几个特定年份并不缺水。可以得出结论，如果可利用的水量大于平均入库水量，水库的运行策略可以满足灌溉和发电需求，此外水库蓄水量也可满足下一个干旱年份的用水需求。

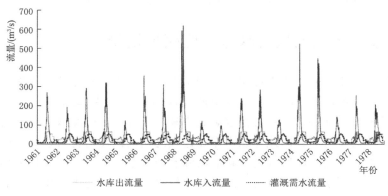

图 5.7　基于时间序列的水库模拟入流和出流

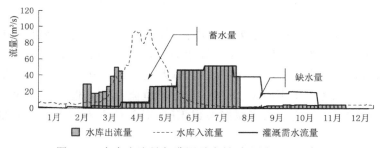

图 5.8　水库出流量与灌溉需水量对比图（1971 年）

由数据观测结果可见，1971 年的入流量极低，几乎仅有年平均入流量的 1/5。尽管大坝的入流量较少，但模拟结果显示，有 7 个月（1—7 月底）可完全满足灌溉需求，但 8 月灌溉需求保证率为 20%，9 月和 10 月灌溉需求保证率为 45%，同时需要注意的是 12 月没有灌溉需求。

水电站的模拟结果见表 5.6。模拟的平均发电量要比设计容量（186.13MW·h）大一些。这主要是出于考虑优化灌溉和电力用水需求，发电和灌溉的水流全部来自水库下泄。这也是与其他情景进行比较的关键点。

表 5.6　　　　　　　　萨尔玛水电站模拟结果（情景Ⅰ）

| 参　数 | 平均值 | 最大值 | 参　数 | 平均值 | 最大值 |
|---|---|---|---|---|---|
| 发电水头/m | 74.4 | 101.2 | 发电功率/MW | 21.4 | 42.0 |
| 每个时间步长发电量/(MW·h) | 512.8 | 1008.0 | 发电流量/(m³/s) | 30.4 | 63.0 |

　　该情景下模拟的平均发电功率为 21.4 MW，而水电装机容量为 42 MW。评估显示，通常从 4 月到 6 月中旬，发电功率几乎能达到装机容量，另外从 7 月到 9 月，尽管灌溉需水量很高，但发电功率也都能达到装机容量，对于剩下的月份，可以发现实际发电功率要小于估算的平均发电功率。这取决于是丰水年还是枯水年，在丰水年通常水库是能够满足平均发电需求的。

　　情景Ⅱ：考虑 EFR 的水库调度模拟

　　该情景旨在评估考虑环境流量对其他方面用水需求的影响。模拟结果表明，在将环境流量纳入水库运行策略的考虑因素后，特定干旱年份的灌溉需求将更加紧张，如图 5.9 所示。

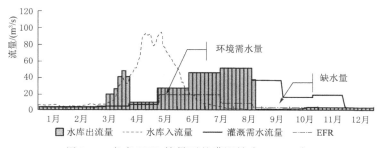

图 5.9　考虑 EFR 情景下的灌溉缺水（1971 年）

　　将每月水库最低下泄量的控制定义为环境流量泄流决策。这个决策对象针对的是水电站闸门，并在下游的蒂尔波尔站对 EFR 进行评估。本书还进行了河道汇流计算以验证河道下游的 EFR 评估结果。表 5.7 给出了考虑 EFR 因素对灌溉需求的影响，在 19 年的模拟期中，1966 年、1970 年和 1971 年的 8—10 月发生了水资源短缺现象，1971 年水库灌溉保证率仅为 22%，也出现了严重用水短缺情况。

表 5.7　　　　　　　　　　考虑 EFR 导致的灌溉缺水（情景Ⅱ）

| 日　期 | 下泄量/（10⁵m³） | 灌溉需水量/（10⁶m³） | 满足率/% |
|---|---|---|---|
| 1966 年 8 月 | 59.0 | 101.0 | 58 |
| 1966 年 9 月 | 14.2 | 49.8 | 29 |
| 1966 年 10 月 | 16.5 | 54.8 | 30 |
| 1970 年 9 月 | 37.7 | 49.8 | 76 |
| 1970 年 10 月 | 19.2 | 54.8 | 35 |
| 1971 年 8 月 | 24.3 | 101.0 | 24 |
| 1971 年 9 月 | 10.9 | 49.8 | 22 |
| 1971 年 10 月 | 13.9 | 54.8 | 25 |

在水库模拟模型中增加 EFR 后，水库平均模拟发电量差异不大，唯一的影响是对灌溉需求的影响。情景Ⅱ下发电量模拟结果见附录 C。

情景Ⅲ：水库运行调度图制定

评价结果表明，水库从 4 月到 6 月底开始蓄水，从 7 月到次年 4 月泄流，这个泄流决策适用于正常年份和丰水年，即大坝入流量几乎等于年平均入流量，该决策在满足灌溉需求和生产更多电量的同时也可能有助于降低洪水风险水平。但在干旱期间，当大坝入流量几乎是年平均入流量的 1/5 时，现行的保护区相应水量将无法完全满足灌溉、发电和环境流量需求，如图 5.10 所示。

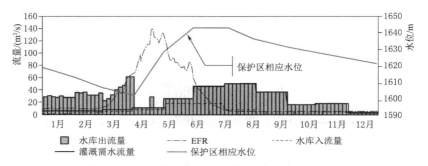

图 5.10　采用现行水库保护区相应水位时的水库泄流决策（1977 年）

本书根据干旱年份情况制定了新的保护区相应水位，以满足干旱年份的灌溉、发电和 EFR 需求。模拟结果表明，在应用新的保护区相应水位后，灌溉和 EFR 都不会发生用水短缺情况，如图 5.11 所示。

从图 5.11 中可以看出，水库泄流量满足灌溉和 EFR 的总体需求。由于下游河道对环境流量有需求，研究者需在蒂尔波尔站进行河道流量演算以调整 EFR。图 5.12 显示了蒂尔波尔站在灌溉和渔业需求方面的可利用水量，这表明通过应用针对干旱年份制定的调度规则，下游测站处的 EFR 也不会出现任何不足。

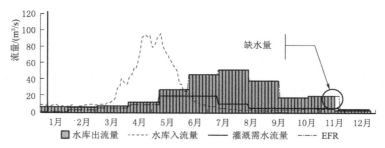

图 5.11　采用新的保护区相应水位后的水库泄流决策（1971 年）

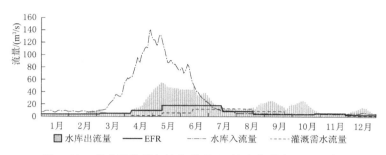

图 5.12  考虑下游蒂尔波尔站 EFR 的水库泄流（1977 年）

如表 5.8 所示，每种情景的模拟结果不同，通过进行全面比较，可以评估考虑 EFR 对灌溉和发电需求的影响。表 5.8 中的数据表明，当水库泄流仅考虑灌溉和发电需求时，1966 年和 1971 年出现了缺水情况，而当水库调度运行除了考虑其他需求之外还兼顾 EFR 时，1966 年、1970 年和 1971 年出现了缺水情况。但是模拟结果表明，在应用情景Ⅲ中新制定的调度规则后，同时考虑灌溉、发电和环境流量需求的情况下并未出现用水短缺情况。而且，对于特定年份情景Ⅲ中的发电量反而比情景Ⅰ和情景Ⅱ更多。

表 5.8  情景Ⅰ、情景Ⅱ和情景Ⅲ的模拟结果比较

| 项　目 | | 情景Ⅰ（灌溉＋发电）现行调度方案 | | 情景Ⅱ（灌溉＋发电＋环境流量）现行调度方案 | | | 情景Ⅲ（灌溉＋发电＋环境流量）新调度方案 | |
|---|---|---|---|---|---|---|---|---|
| 灌溉缺水量 | 年份 | 1966 | 1971 | 1966 | 1970 | 1971 | 1966 | 1971 |
| | 数量/(10⁶ m³) | 114 | 155 | 116 | 86 | 157 | 0 | |
| | 比例/% | 54 | 73 | 56 | 54 | 76 | 0 | |
| 平均发电量/(MW·h) | | 154.5 | 121.6 | 156 | — | 120 | 197.4 | 140.9 |

在缺水年份，即 1966 年和 1971 年，不考虑 EFR 时的发电量分别为 154.5MW·h 和 121.6 MW·h，但在考虑 EFR 后，发电量分别变为 156MW·h 和 120MW·h。这表明在情景Ⅱ中，与情景Ⅰ相比，水库泄流量要更大，因为更大的下泄量才能产生更多的电能。

但是，在采用针对干旱年份制定的调度方案后，与维持现行调度方案相比，特定年份（1966 年和 1971 年）的发电量大幅增加。这意味着，在干旱年份应用新的调度方案后，灌溉需水量和环境流量不会出现短缺，并且还会产生更多的电能。表 5.9 显示了采用现行的和新的调度方案情景下干旱年份水库月水位值的变化情况。

表 5.9　　　　　　因考虑 EFR 而引起的灌溉缺水情况（情景Ⅱ）

| 月份 | 新调度方案下水库月水位值（MSL）/m | 现行调度方案下水库月水位值（MSL）/m | 防洪水位（MSL）/m | 死水位（MSL）/m |
|---|---|---|---|---|
| 1 | 1624.73 | 1618.74 | 1645.84 | 1602.00 |
| 2 | 1625.00 | 1613.28 | 1645.84 | 1602.00 |
| 3 | 1626.01 | 1606.07 | 1645.84 | 1602.00 |
| 4 | 1632.84 | 1602.02 | 1645.84 | 1602.00 |
| 5 | 1641.90 | 1629.49 | 1645.84 | 1602.00 |
| 6 | 1642.45 | 1643.34 | 1645.84 | 1602.00 |
| 7 | 1639.69 | 1643.50 | 1645.84 | 1602.00 |
| 8 | 1634.74 | 1637.38 | 1645.84 | 1602.00 |
| 9 | 1629.39 | 1632.11 | 1645.84 | 1602.00 |
| 10 | 1625.62 | 1629.19 | 1645.84 | 1602.00 |
| 11 | 1622.43 | 1625.82 | 1645.84 | 1602.00 |
| 12 | 1620.86 | 1622.50 | 1645.84 | 1602.00 |

每种情景的分析结果见附录 C。

情景Ⅳ：提高灌溉效率

缓解灌溉用水短缺的另一种可行解决方案是提高当前的灌溉效率。据报道，目前哈里罗德河流域的整体灌溉效率为 35%。数据评价表明，在 1989 年之前，哈里罗德河流域的耕地面积近 97 万 hm²，而现在这一面积已大幅减少到 4.2 万 hm²。因此，该地区还是有潜力以及可用的资源来扩大目前的种植面积。世界粮农组织（FAO）EIRP 机构 2009 年收集到的关于季节性作物的可用数据仅覆盖了 13 条主要支流的 3.2 万 hm² 范围，因此本书需要通过估算每种作物的平均土地面积百分比来获取其余 1 万 hm² 土地的灌溉需水量（IWR）。对于赫拉特省每种作物的灌溉需水量本书使用了 CropWat 模型来进行估算。另外，本书利用月平均温度、降雨量、蒸发量和土壤数据来估算每种作物的净灌溉水深。表 5.10 列出了按 35% 的灌溉效率估算出的最大供水量。作物类型及名称见附录 C。

情景Ⅱ表明，如果在大坝调度策略中考虑环境流量需求，那么 7.5 万 hm² 的灌溉区域在干旱年份将会面临缺水问题。因此，必须通过提高灌溉效率来缓解这一问题。为此，本书估算了每公顷的平均灌溉需水量，进而可以计算出未来灌溉区域的总灌溉需水量，见表 5.11。

表 5.10 每类季节性作物最大需水量

| 项　目 | 冬　季　作　物 | | | | | | 夏　季　作　物 | | | | | | | |
|---|---|---|---|---|---|---|---|---|---|---|---|---|---|---|
| 最大供水流量 /[(L/s)/hm²] | 1.94 | 2.52 | 3.57 | 2.98 | 5.1 | 5 | 3.57 | 4.2 | 4.04 | 4.35 | 5 | 5.04 | 3 | 5.1 |
| 35% 有效率 | 小麦 | 大麦 | 绿豆 | 紫花苜蓿 | 花园 | 大米 | 绿豆 | 棉花 | 西瓜 | 蔬菜 | 大米 | 瓜 | 三叶草 | 花园 |
| 流量 /（m³/s） | 37.28 | 18.09 | 3.03 | 10.85 | 4.39 | 6.05 | 0.77 | 5.8 | 25.25 | 5.34 | 1.7 | 0.6 | 0.39 | 0.18 |

表 5.11 4.2 万 hm² 耕地的灌溉需水量

| 项　目 | 冬　季　作　物 | | | | | | 夏　季　作　物 | | | | | | | |
|---|---|---|---|---|---|---|---|---|---|---|---|---|---|---|
| 作物类型 | 小麦 | 大麦 | 绿豆 | 紫花苜蓿 | 花园 | 大米 | 绿豆 | 棉花 | 西瓜 | 蔬菜 | 大米 | 瓜 | 三叶草 | 花园 |
| 总灌溉面积/hm² | 19215 | 7177 | 850 | 3640 | 860 | 1210 | 215 | 1380 | 6250.8 | 1227.5 | 340 | 120 | 130 | 35 |
| 最大供水流量 （灌溉效率为35%） /[(L/s)/hm²] | 1.94 | 2.52 | 3.57 | 2.98 | 5.10 | 5.00 | 3.57 | 4.20 | 4.04 | 4.35 | 5.00 | 5.04 | 3.00 | 5.10 |
| 月灌溉需水量/ （10⁶ m³） | 96.62 | 46.88 | 7.87 | 28.12 | 11.37 | 15.68 | 0.77 | 5.80 | 25.25 | 5.34 | 1.70 | 0.60 | 0.39 | 0.18 |
| 冬季总灌溉需求量/(10⁶ m³) | 206.53 | | | | | | 40.03 | | | | | | | |
| 冬季总灌溉供给量/(10⁶ m³) | 361.01 | | | | | | 226.60 | | | | | | | |

表 5.12 表明，若将灌溉效率提高 5%，则灌溉用水不会出现任何短缺。在旱季，模拟的水库总供水量为 226×10⁶ m³，而相应的需求量为 240×10⁶ m³，需求量大于最大供应量，这意味着灌溉效率为 35% 时将出现缺水；而当灌溉效率提高 5% 之后，灌溉需水量减少了近 15×10⁶ m³，因此供水量便能够满足需求了。此外，在丰水年还可以额外增加灌溉面积。

表 5.12 提高灌溉效率以满足 7.5 万 hm² 耕地用水需求

| 序号 | 项　目 | 湿润季 | 干旱季 | 总量 |
|---|---|---|---|---|
| 1 | 总灌溉面积/hm² | 52402 | 22458 | 74859 |
| 2 | 估计的每公顷平均灌溉需水量/[(L/s)/hm²] | 2.42 | 4.13 | —— |
| 3 | 冬季总灌溉供给量/(10⁶ m³) | 361.01 | 226 | 587.01 |
| 4 | 冬季灌溉需水量（35%灌溉效率）/(10⁶ m³) | 328.44 | 240.26 | 568.70 |
| 5 | 冬季灌溉需水量（40%灌溉效率）/(10⁶ m³) | 317.24 | 225.09 | 542.33 |

续表

| 序号 | 项　目 | 湿润季 | 干旱季 | 总量 |
|---|---|---|---|---|
| 6 | 冬季灌溉需水量(45%灌溉效率)/($10^6\,m^3$) | 309.59 | 221.09 | 530.68 |
| 7 | 冬季灌溉需水量(50%灌溉效率)/($10^6\,m^3$) | 303.11 | 211.54 | 514.65 |

　　通常，提高灌溉效率是一项昂贵且耗时的工作，可以通过渠道衬砌以及修复毁坏的分汊口和引水渠来实现。如果灌溉效率没有得到提高，那么 7.5 万 $hm^2$ 土地中的近 $2000hm^2$ 将受到影响。情景Ⅳ的分析结果见附录 C。

# 第 6 章  结 论 和 建 议

## 6.1  总结

　　环境流量是指在河流需要保持的流量，以维持水生生物及其栖息地的自然变化处于理想状态。一般情况下，通过为河流提供环境流量，可使河流健康、经济发展和贫困减缓处于一种可控状态。随着哈里罗德河流域人类用水需求压力的持续增加，需要更好地了解其环境流量需求，以便为河流生态系统的发展争取和分配水资源。

　　本书在哈里罗德河流域的环境流量定量分析中应用了水文学和水力学的方法，这些方法通常优先用于对未受管制的流域和/或水资源压力尚未达到极值但开始增长的流域，进行环境流量需求初步勘察层面的评估。因此，本书采用了考虑变化范围分析（RVA）的水文变化指标（IHA）方法来定量分析环境流量，并与其他基于水文学的方法（Tennant 法、流量历时曲线分析法和7Q10 法）和湿周法进行了比较。

　　由于保持自然流量变化对于保护本地河流生物群和河流生态系统的完整性至关重要，因此将 RVA 结果作为确定 EFR 的关键参考。为河流提供环境流量意味着将减少某一个或多个方面的用水需求量，为此，本书将水库调度模拟技术用于萨尔玛水库的调度运行决策中，并设计了若干情景备选，以评估考虑 EFR 对灌溉和发电用水的影响。第一种情景没有考虑 EFR，其目的是评估大坝的设计运行状况。在第二种情景的模拟中特意考虑了 EFR，以评估考虑环境流量对其他方面用水需求的影响。第三种情景是为了减轻考虑 EFR 对其他方面用水需求造成的后果而设计的，并总结了考虑 EFR 的影响及相关后果。

## 6.2  结论

　　基于 6.1 节的总结可以得到以下结论：

　　（1）用基于水文学的方法确定哈里罗德河流域的环境流量需求是合适的，并且这些方法可被用于该流域初步勘察层面的评估。

　　（2）IHA 法是定量分析 EFR 的优选方法，因为它在确定 EFR 时考虑了自然流量的变化、幅度、频率和流动持续时间。

（3）如果萨尔玛大坝的运行要同时考虑灌溉、发电和 EFR，那么干旱年份则易发生灌溉缺水，但这可以通过应用针对干旱年份提出的新调度方案来抵消考虑 EFR 的影响。否则 2000hm² 土地用水将受到影响。

（4）将哈里罗德河流域的灌溉效率提高 5%，可以避免灌溉、发电和环境流量的用水短缺情况。

## 6.3　建议

（1）降低考虑环境流量对灌溉需求影响的另一种方法是提出替代种植模式，以减少灌溉用水需求并优化效益。

（2）这项研究表明，由于萨尔玛大坝正处于建设过程中，正常情况下，在水库调度策略中考虑 EFR 对其他方面用水需求不会产生严重影响，因此建议项目规划和决策者要考虑 EFR 以保持河流生态系统的完整性。

# 主 要 参 考 文 献

[1] ANZECC (2000). Principles and guidelines distilled from the reports of the High Level Steering Group on Water: Environment Australia.

[2] Arthington, A. H., & Zalucki, J. M. (1998). Comparative evaluation of environmental flow assessment techniques: review of methods. Canberra, Australia: Land and Water Resources Research and Development Corporation Occasional Paper No. 27/98.

[3] Asad, S. Q. (2002). Water Resources Management in Afghanistan, The Issues and Options. Working Paper 49: IWMI.

[4] Daene, C. McKinney (2003). Basin – Scale Integrated Water Resources Management in Central Asia. Kyoto: Regional Cooperation in Shared Water Resources in Central Asia.

[5] Dyson, M. , Bergkamp, G. and Scanlon, J. (2003). The Essential of Environmental Flows. UK: lUCN, Gland, Switzerland and Cambridge.

[6] Growns, I. and Kotlash, A. (1994). Environmental flow allocations for the Hawkesbury – Nepean River system: a review of information. Australian Water Technologies EnSight Report No. 94/189. 55 pp.

[7] Flug, M. , and S. G. Campbell (2005). Drought Applications Using the Systems Impact Assessment Model: Klamath River: Journal of Water Resources Planning and Management, ASCE, Vol. 131, No. 2.

[8] Hula, R. L. (1981). Southwestern Division Reservoir Regulation Simulation Model. Proceedings of the National Workshop on Reservoir Systems Operations ASCE, New York, N. Y: G. H. Toebes and A. A. Sheppard, Eds.

[9] Jennifer, L. Mann (2006). An evaluation of the Tennant method for higher gradient streams in the national forest system lands in the western U. S: Department of Forest, Rangeland, and Watershed Stewardship.

[10] Ken, D. Bovee, Berton L. Lamb, John M. Bartholow, Clair B. Stalnker, Jonathan Taylor, Jim Henriksen (1998). Steam Habitat Analysis Using The Instream Flow Incremental Methodology: U. S. G. S.

[11] Larry, W. Mays, Yeou K. T. (1992). Hydrosystems Engineering and Management. U. S. A: McGraw – Hill, Inc.

[12] Laaha, G. Blo¨schl (2005). Low flow estimates from short stream flow records – a comparison of methods: Institut fu¨r Angewandte Statistik und EDV, Universita¨t fu¨r Bodenkultur Wien.

[13] Land and Water Australia (2004). Environmental water allocation: Australian Governnlent.

[14] Letcher, R. A. B. F. W. Croke, A. J. Jakeman (2007). Integrated assessment model-

ling for water resource allocation and management. A generalised conceptual framework: The Australian National University.

[15] LHDA (2002) . Policy for instream flow requirements: Lesotho highlands water project.

[16] Magee, T. M. , and H. M. Goranflo (2002) . Optimizing Daily Reservoir Scheduling at TVA with River Ware: Proceedings of the Second Federal Interagency Hydrologic Modeling Conference.

[17] Ministry of Energy & Water (2007) . Water Sector Strategy for Afghanistan national development strategy, with focus on prioritization. Kabul: MEW.

[18] Moreton and Gold Coast Members (2006) . Environmental flow assessment framework and scenario implications for draf moreton and gold coast water resource plan. The State of Queensland: Department of Natural Resources Mines and Water.

[19] Orth, D. J. , and O. E. Maughan (1981) . Evaluation of the Montana Method for Recommending Instream Flows in Oklahoma Streams: Proceedings of the Oklahoma Academy of Science 61: 62 – 66.

[20] Richter, B. D. , J. V. Baumgartner, J. Powell, and D. P. Braun (1996) . A Method for Assessing Hydrologic Alteration Within Ecosystems: Conservation Biology.

[21] Richter, B. D. , J. V. Baumgartner, R. Wigington, and D. P. Braun (1997) . How Much Water Does a River Need?: Freshwater Biology 37, 231 – 249.

[22] Richter, B. D. , J. V. Baumgartner, D. P. Braun, and J. Powell (1998) . A Spatial Assessment of Hydrologic Alteration Within a River Network: Regulated Rivers.

[23] Rich Pyrce, Ph. D (2004) . Hydrological Low Flow Indices and their Uses. Watershed Science Centre. Trent University: WSC Report No. 04.

[24] Rosenberg, Davis, CA (2003) . HEC – ResSim Reservoir Systems Models of the Sacramento and Joaquin Basins, Advances in Hydrologic Engineering: USACE Hydrologic Engineering Center.

[25] Smakhtin, and M. Anputhas (2006) . An Assessment of Environmental Flow Requirements of Indian River Basins: Water Management Institute.

[26] Smakhtin, V. , Revenga, C. and Doll, P. (2004) . Taking into account environmental water requirements in global – scale water resources assessments. Comprehensive Assessment Research Report 2. Colombo, Sri Lanka: Comprehensive Assessment Secretariat.

[27] Smakhtin, V. U. , Shilpakar, R. L. (2005) . Planning for environmental water allocations: An example of hydrology – based assessment in the East Rapti River, Nepal. Research Report 89. Colombo, Sri Lanka: International Water Management Institute. 20 pp.

[28] Stalnaker, CB, Lamb BL, Henriksen J, Bovee KD, Bartholow J. (1994) . The Instream Flow Incremental Methodology: a primer for IFIM. National Ecology Research Center, Internal Publication. National Biological Survey. Fort Collins, Colorado: U. S. A. 99 pp.

[29] Tennant , D. L. (1976) . Instream flow regimens for fish, wildlife, recreation and related

environmental resources: Fisheries 1 (4): 6 – 10.

[30]　UNEP (2007). Capacity Building and Institutional Development Programme for Environmental Management in Afghanistan. Kabul: UNEP Post – Conflict and Disaster Management Branch.

[31]　WAPCOS (2004). Stage – I (3 X 14 – MW) Hydroelectric Power Component of Salma Dam Project Herat Province, Afghanistan. , New Delhi.

[32]　WWF (2000). Elements of Good Practice in Integrated River Basin Management. Brussels, Belgium: World Wide Fund For Nature.

# 附录 A 河流断面信息

表 A.1 　　　　　　　 Pol－e－Bisha 站河流断面数据

| 序号 | 高程（MSL）/m | 距离/m | 序号 | 高程（MSL）/m | 距离/m |
|------|------|------|------|------|------|
| 1 | 1006.50 | 0.00 | 23 | 999.80 | 0.53 |
| 2 | 1006.00 | 2.23 | 24 | 999.50 | 2.90 |
| 3 | 1005.50 | 2.31 | 25 | 999.25 | 2.40 |
| 4 | 1005.20 | 1.45 | 26 | 999.00 | 5.07 |
| 5 | 1005.00 | 0.34 | 27 | 998.70 | 4.88 |
| 6 | 1004.50 | 0.92 | 28 | 998.70 | 7.16 |
| 7 | 1004.00 | 0.92 | 29 | 999.00 | 6.92 |
| 8 | 1003.50 | 0.92 | 30 | 999.25 | 6.26 |
| 9 | 1003.00 | 0.92 | 31 | 999.50 | 3.71 |
| 10 | 1002.50 | 0.92 | 32 | 999.80 | 4.06 |
| 11 | 1002.20 | 0.66 | 33 | 1000.45 | 4.17 |
| 12 | 1002.00 | 0.17 | 34 | 1001.00 | 1.37 |
| 13 | 1001.50 | 0.60 | 35 | 1001.50 | 1.15 |
| 14 | 1001.25 | 0.36 | 36 | 1002.00 | 1.18 |
| 15 | 1001.50 | 0.51 | 37 | 1002.25 | 0.68 |
| 16 | 1000.75 | 0.31 | 38 | 1004.00 | 0.50 |
| 17 | 1001.00 | 0.44 | 39 | 1002.50 | 0.41 |
| 18 | 1001.45 | 0.53 | 40 | 1002.70 | 1.56 |
| 19 | 1001.00 | 1.18 | 41 | 1002.90 | 0.46 |
| 20 | 1000.75 | 0.66 | 42 | 1004.00 | 0.50 |
| 21 | 1000.50 | 0.92 | 43 | 1006.00 | 1.00 |
| 22 | 1000.00 | 1.69 | 44 | 1006.00 | 2.00 |

表 A.2 　　　　　　　 普什图站河流断面数据

| 序号 | 高程（MSL）/m | 距离/m | 序号 | 高程（MSL）/m | 距离/m |
|------|------|------|------|------|------|
| 1 | 942.70 | 0.00 | 3 | 942.60 | 2.31 |
| 2 | 942.69 | 2.23 | 4 | 942.50 | 1.45 |

| 序号 | 高程（MSL）/m | 距离/m | 序号 | 高程（MSL）/m | 距离/m |
|---|---|---|---|---|---|
| 5 | 942.40 | 0.34 | 26 | 937.23 | 5.07 |
| 6 | 942.00 | 0.92 | 27 | 937.23 | 4.88 |
| 7 | 941.90 | 0.92 | 28 | 937.23 | 7.16 |
| 8 | 941.95 | 0.92 | 29 | 937.23 | 6.92 |
| 9 | 941.90 | 0.92 | 30 | 937.43 | 6.26 |
| 10 | 941.40 | 0.92 | 31 | 937.62 | 3.71 |
| 11 | 941.30 | 0.66 | 32 | 937.86 | 4.06 |
| 12 | 941.00 | 0.17 | 33 | 938.37 | 4.17 |
| 13 | 940.30 | 0.60 | 34 | 938.79 | 1.37 |
| 14 | 940.30 | 0.36 | 35 | 938.80 | 1.15 |
| 15 | 940.25 | 0.51 | 36 | 938.90 | 1.18 |
| 16 | 940.30 | 0.31 | 37 | 939.77 | 0.68 |
| 17 | 940.10 | 0.44 | 38 | 940.00 | 0.50 |
| 18 | 939.15 | 0.53 | 39 | 939.96 | 0.41 |
| 19 | 938.79 | 1.18 | 40 | 940.12 | 1.56 |
| 20 | 938.60 | 0.66 | 41 | 940.28 | 0.46 |
| 21 | 938.40 | 0.92 | 42 | 941.13 | 0.50 |
| 22 | 938.01 | 1.69 | 43 | 942.10 | 1.00 |
| 23 | 937.86 | 0.53 | 44 | 942.30 | 2.00 |
| 24 | 937.62 | 2.90 | 45 | 942.45 | 0.10 |
| 25 | 937.43 | 2.40 | | | |

**表 A.3　　　　　　　　　蒂尔波尔站河流断面数据**

| 序号 | 高程（MSL）/m | 距离/m | 序号 | 高程（MSL）/m | 距离/m |
|---|---|---|---|---|---|
| 1 | 752.60 | 0.00 | 10 | 751.79 | 14.63 |
| 2 | 752.10 | 0.57 | 11 | 751.60 | 21.22 |
| 3 | 751.90 | 1.26 | 12 | 751.40 | 27.56 |
| 4 | 751.90 | 2.80 | 13 | 751.01 | 36.87 |
| 5 | 751.90 | 3.65 | 14 | 751.10 | 45.86 |
| 6 | 751.80 | 4.85 | 15 | 751.13 | 54.00 |
| 7 | 751.60 | 7.05 | 16 | 751.10 | 58.83 |
| 8 | 751.79 | 7.74 | 17 | 751.11 | 64.10 |
| 9 | 752.15 | 11.51 | 18 | 751.05 | 69.52 |

| 序号 | 高程（MSL）/m | 距离/m | 序号 | 高程（MSL）/m | 距离/m |
|------|------|------|------|------|------|
| 19 | 751.05 | 71.31 | 27 | 751.25 | 80.10 |
| 20 | 751.23 | 72.80 | 28 | 751.50 | 81.11 |
| 21 | 751.12 | 74.33 | 29 | 751.40 | 82.12 |
| 22 | 751.10 | 75.22 | 30 | 751.40 | 85.00 |
| 23 | 751.00 | 75.87 | 31 | 751.60 | 93.00 |
| 24 | 751.37 | 77.08 | 32 | 751.90 | 95.00 |
| 25 | 751.30 | 78.09 | 33 | 752.00 | 96.00 |
| 26 | 751.20 | 79.09 | 34 | 752.10 | 97.00 |

表 A.4　　　　　　　　　Checkcheran 站河流断面数据

| 序号 | 高程（MSL）/m | 距离/m | 序号 | 高程（MSL）/m | 距离/m |
|------|------|------|------|------|------|
| 1 | 2251.00 | 0.00 | 21 | 2247.02 | 22.00 |
| 2 | 2250.02 | 1.00 | 22 | 2247.04 | 23.00 |
| 3 | 2249.74 | 2.00 | 23 | 2247.18 | 24.00 |
| 4 | 2249.33 | 3.00 | 24 | 2247.25 | 25.00 |
| 5 | 2249.33 | 4.70 | 25 | 2247.23 | 26.00 |
| 6 | 2249.20 | 5.10 | 26 | 2247.13 | 27.00 |
| 7 | 2249.41 | 6.00 | 27 | 2247.08 | 28.00 |
| 8 | 2249.84 | 7.70 | 28 | 2247.12 | 29.00 |
| 9 | 2248.69 | 8.40 | 29 | 2247.50 | 30.00 |
| 10 | 2248.45 | 10.10 | 30 | 2247.61 | 31.00 |
| 11 | 2248.03 | 11.80 | 31 | 2247.61 | 32.00 |
| 12 | 2247.76 | 13.50 | 32 | 2247.47 | 33.00 |
| 13 | 2247.77 | 14.00 | 33 | 2247.46 | 34.00 |
| 14 | 2247.59 | 15.00 | 34 | 2247.66 | 34.70 |
| 15 | 2247.32 | 16.00 | 35 | 2247.97 | 35.00 |
| 16 | 2247.29 | 17.00 | 36 | 2247.93 | 36.00 |
| 17 | 2247.36 | 18.00 | 37 | 2248.44 | 37.00 |
| 18 | 2247.32 | 19.00 | 38 | 2248.37 | 38.00 |
| 19 | 2247.11 | 20.00 | 39 | 2248.32 | 39.00 |
| 20 | 2247.00 | 21.00 | 40 | 2248.30 | 40.00 |

| 序号 | 高程（MSL）/m | 距离/m | 序号 | 高程（MSL）/m | 距离/m |
|------|-------------|--------|------|-------------|--------|
| 41 | 2248.28 | 41.00 | 63 | 2248.90 | 63.00 |
| 42 | 2248.29 | 42.00 | 64 | 2248.91 | 64.00 |
| 43 | 2248.31 | 43.00 | 65 | 2248.94 | 65.00 |
| 44 | 2248.39 | 44.00 | 66 | 2248.91 | 66.00 |
| 45 | 2248.43 | 45.00 | 67 | 2248.91 | 67.00 |
| 46 | 2248.48 | 46.00 | 68 | 2248.90 | 68.00 |
| 47 | 2248.53 | 47.00 | 69 | 2248.88 | 69.00 |
| 48 | 2248.57 | 48.00 | 70 | 2248.84 | 70.00 |
| 49 | 2248.58 | 49.00 | 71 | 2248.82 | 71.00 |
| 50 | 2248.63 | 50.00 | 72 | 2248.77 | 72.00 |
| 51 | 2248.64 | 51.00 | 73 | 2248.69 | 73.00 |
| 52 | 2248.67 | 52.00 | 74 | 2248.67 | 74.00 |
| 53 | 2248.68 | 53.00 | 75 | 2248.60 | 75.00 |
| 54 | 2248.71 | 54.00 | 76 | 2248.67 | 76.00 |
| 55 | 2248.70 | 55.00 | 77 | 2248.67 | 77.00 |
| 56 | 2248.71 | 56.00 | 78 | 2248.71 | 78.00 |
| 57 | 2248.70 | 57.00 | 79 | 2248.80 | 79.00 |
| 58 | 2248.73 | 58.00 | 80 | 2248.84 | 80.00 |
| 59 | 2248.76 | 59.00 | 81 | 2249.03 | 81.00 |
| 60 | 2248.80 | 60.00 | 82 | 2249.28 | 82.00 |
| 61 | 2248.85 | 61.00 | 83 | 2249.64 | 83.00 |
| 62 | 2248.88 | 62.00 | 84 | 2251.00 | 85.00 |

# 附录 B 环境流量需求结果

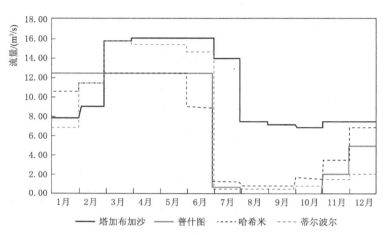

图 B.1 全部测站的环境流量需求（Tessman 法）

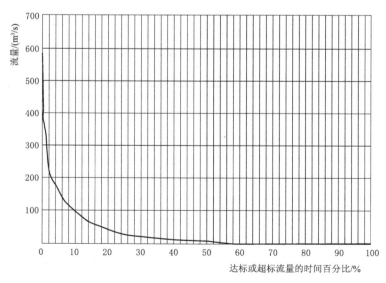

图 B.2 哈希米站流量历时曲线

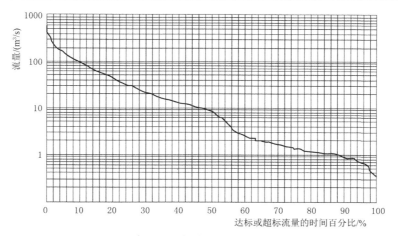

图 B.3 哈希米站一定时间间隔的流量历时曲线

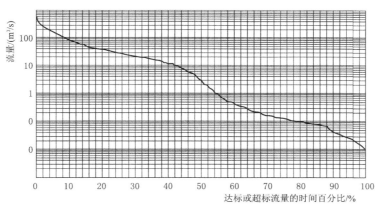

图 B.4 蒂尔波尔站一定时间间隔的流量历时曲线

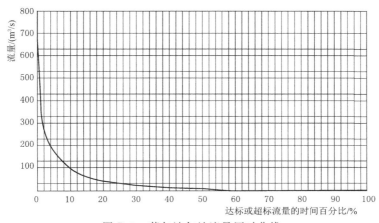

图 B.5 蒂尔波尔站流量历时曲线

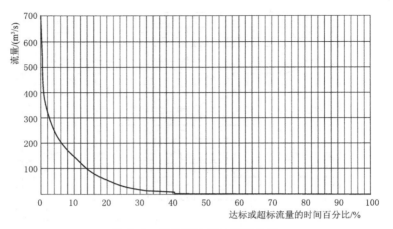

图 B.6 普什图站流量历时曲线

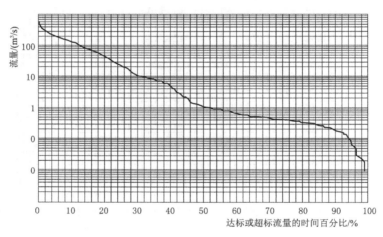

图 B.7 普什图站一定时间间隔的流量历时曲线

表 B.1　　　　　　　　　　　　IHA 参数结果

| 项 目 | 中位数 | | 差异系数 | | 偏差因子 | | 显著性计数 | |
|---|---|---|---|---|---|---|---|---|
| | 受影响前 | 受影响后 | 受影响前 | 受影响后 | 中位数 | C. D. | 中位数 | C. D. |
| 10 月 | 6.42 | 5.29 | 0.29 | 0.28 | 0.18 | 0.03 | 0.17 | 0.94 |
| 11 月 | 5.53 | 5.35 | 0.42 | 0.43 | 0.03 | 0.01 | 0.86 | 0.98 |
| 12 月 | 5.02 | 5.16 | 0.47 | 0.29 | 0.03 | 0.39 | 0.89 | 0.32 |
| 1 月 | 4.34 | 5.00 | 0.51 | 0.31 | 0.15 | 0.39 | 0.32 | 0.29 |
| 2 月 | 5.60 | 5.75 | 0.37 | 0.27 | 0.03 | 0.27 | 0.82 | 0.59 |

续表

| 项　目 | 中位数 | | 差异系数 | | 偏差因子 | | 显著性计数 | |
|---|---|---|---|---|---|---|---|---|
| | 受影响前 | 受影响后 | 受影响前 | 受影响后 | 中位数 | C. D. | 中位数 | C. D. |
| ♯1 参数组 | | | | | | | | |
| 3 月 | 10.90 | 8.97 | 1.35 | 1.05 | 0.18 | 0.22 | 0.81 | 0.61 |
| 4 月 | 67.60 | 113.50 | 0.87 | 0.42 | 0.68 | 0.52 | 0.00 | 0.28 |
| 5 月 | 151.00 | 141.00 | 0.76 | 0.82 | 0.07 | 0.08 | 0.88 | 0.85 |
| 6 月 | 37.50 | 38.90 | 1.04 | 0.91 | 0.04 | 0.13 | 0.93 | 0.76 |
| 7 月 | 10.50 | 8.67 | 0.83 | 0.73 | 0.17 | 0.12 | 0.25 | 0.88 |
| 8 月 | 5.70 | 5.04 | 0.63 | 0.62 | 0.12 | 0.01 | 0.67 | 0.98 |
| 9 月 | 6.06 | 5.40 | 0.52 | 0.31 | 0.11 | 0.41 | 0.48 | 0.36 |
| ♯2 参数组 | | | | | | | | |
| 年 1d 最小均值 | 3.32 | 3.00 | 0.32 | 0.49 | 0.10 | 0.55 | 0.44 | 0.42 |
| 年 3d 最小均值 | 3.40 | 3.48 | 0.26 | 0.30 | 0.02 | 0.17 | 0.86 | 0.65 |
| 年 7d 最小均值 | 3.40 | 3.55 | 0.21 | 0.49 | 0.04 | 1.35 | 0.60 | 0.09 |
| 年 30d 最小均值 | 3.71 | 3.87 | 0.20 | 0.46 | 0.05 | 1.24 | 0.51 | 0.18 |
| 年 90d 最小均值 | 4.42 | 4.94 | 0.22 | 0.30 | 0.12 | 0.36 | 0.28 | 0.38 |
| 年 1d 最大均值 | 262.00 | 243.50 | 0.69 | 0.84 | 0.07 | 0.21 | 0.91 | 0.65 |
| 年 3d 最大均值 | 251.30 | 229.70 | 0.66 | 0.88 | 0.09 | 0.33 | 0.95 | 0.46 |
| 年 7d 最大均值 | 241.60 | 207.50 | 0.58 | 0.97 | 0.14 | 0.68 | 0.71 | 0.15 |
| 年 30d 最大均值 | 180.40 | 178.20 | 0.67 | 0.88 | 0.01 | 0.31 | 0.97 | 0.41 |
| 年 90d 最大均值 | 112.50 | 107.40 | 0.58 | 0.71 | 0.05 | 0.23 | 0.83 | 0.65 |
| 值为 0 的天数 | 0.00 | 0.00 | 0.00 | 0.00 | | | | |
| 基流指数 | 0.12 | 0.12 | 0.79 | 0.58 | 0.03 | 0.27 | 0.93 | 0.55 |
| ♯3 参数组 | | | | | | | | |
| 最小值 | 341.00 | 223.00 | 0.26 | 0.30 | 0.64 | 0.17 | 0.55 | 0.74 |
| 最大值 | 122.00 | 119.50 | 0.02 | 0.06 | 0.01 | 1.47 | 0.49 | 0.02 |
| ♯4 参数组 | | | | | | | | |
| 低脉冲数 | 3.00 | 3.50 | 1.67 | 1.07 | 0.17 | 0.36 | 0.30 | 0.59 |
| 低脉冲持续时间 | 10.00 | 7.25 | 4.10 | 8.29 | 0.28 | 1.02 | 0.86 | 0.24 |
| 高脉冲数 | 1.00 | 1.00 | 1.00 | 1.00 | 0.00 | 0.00 | 0.17 | 0.45 |
| 高脉冲持续时间 | 81.00 | 81.50 | 0.51 | 0.51 | 0.01 | 0.01 | 0.95 | 0.99 |
| 低脉冲阈值 | 5.02 | | | | | | | |
| 高脉冲阈值 | 22.00 | | | | | | | |

续表

| 项　目 | 中位数 | | 差异系数 | | 偏差因子 | | 显著性计数 | |
|---|---|---|---|---|---|---|---|---|
| | 受影响前 | 受影响后 | 受影响前 | 受影响后 | 中位数 | C. D. | 中位数 | C. D. |
| ＃5 参数组 | | | | | | | | |
| 上涨速率 | 1.43 | 1.03 | 0.88 | 0.57 | 0.28 | 0.35 | 0.21 | 0.44 |
| 下降速率 | −0.97 | −0.93 | −0.31 | −0.58 | 0.05 | 0.88 | 0.76 | 0.19 |
| 逆转数 | 53.00 | 48.5 | 0.16 | 0.44 | 0.08 | 1.76 | 0.18 | 0.03 |
| EFC 枯水量 | | | | | | | | |
| 10 月枯水量 | 6.42 | 5.6 | 0.29 | 0.21 | 0.13 | 0.26 | 0.33 | 0.35 |
| 11 月枯水量 | 5.53 | 5.35 | 0.39 | 0.39 | 0.03 | 0.01 | 0.86 | 0.96 |
| 12 月枯水量 | 5.51 | 5.29 | 0.39 | 0.24 | 0.04 | 0.38 | 0.81 | 0.28 |
| 1 月枯水量 | 4.68 | 5.2 | 0.29 | 0.24 | 0.11 | 0.18 | 0.37 | 0.52 |
| 2 月枯水量 | 5.02 | 5.75 | 0.19 | 0.27 | 0.15 | 0.44 | 0.1 | 0.24 |
| 3 月枯水量 | 6.29 | 7.94 | 0.5 | 0.6 | 0.26 | 0.21 | 0.08 | 0.84 |
| 4 月枯水量 | 11.10 | 9.23 | 0.41 | | 0.17 | | 0.05 | |
| 5 月枯水量 | | | | | | | | |
| 6 月枯水量 | 19.90 | 15.05 | 0.4 | 0.57 | 0.24 | 0.42 | 0.49 | 0.33 |
| 7 月枯水量 | 10.50 | 8.7 | 0.62 | 0.45 | 0.17 | 0.28 | 0.45 | 0.58 |
| 8 月枯水量 | 6.24 | 5.1 | 0.51 | 0.46 | 0.18 | 0.09 | 0.71 | 0.79 |
| 9 月枯水量 | 6.06 | 5.6 | 0.47 | 0.29 | 0.08 | 0.39 | 0.71 | 0.35 |
| EFC 参数 | | | | | | | | |
| 极端低峰值 | 3.36 | 3.27 | 0.15 | 0.50 | 0.03 | 2.23 | 0.59 | 0.02 |
| 极端低的持续时间 | 18.00 | 5.75 | 1.53 | 4.11 | 0.68 | 1.69 | 0.36 | 0.18 |
| 极端低时间 | 9.00 | 8.00 | 0.46 | 0.13 | 0.01 | 0.72 | 0.96 | 0.72 |
| 极低频率 | 1.00 | 1.00 | 2.50 | 2.25 | 0.00 | 0.10 | 0.76 | 0.85 |
| 高流量峰值 | 16.00 | 56.25 | 4.31 | 1.75 | 2.52 | 0.59 | 0.20 | 0.75 |
| 高流量持续时间 | 11.00 | 27.25 | 3.64 | 3.40 | 1.48 | 0.07 | 0.30 | 0.97 |
| 高流量测定时刻 | 76.00 | 115.50 | 0.09 | 0.19 | 0.22 | 1.07 | 0.31 | 0.11 |
| 高流量频率 | 2.00 | 1.00 | 1.25 | 1.25 | 0.50 | 0.00 | 0.13 | 0.97 |
| 高流量上涨速率 | 2.39 | 1.93 | 0.81 | 1.12 | 0.19 | 0.38 | 0.53 | 0.49 |
| 高流量下降率 | −1.58 | −1.88 | −0.60 | −0.39 | 0.20 | 0.34 | 0.22 | 0.30 |
| 小洪峰流量 | 306.00 | 306.00 | 0.66 | 0.61 | 0.00 | 0.07 | 0.91 | 0.94 |
| 小洪水持续时间 | 114.00 | 93.00 | 0.56 | 0.18 | 0.18 | 0.68 | 0.25 | 0.32 |

| 项　　目 | EFC 参数 | | | | | | | |
|---|---|---|---|---|---|---|---|---|
| | 中位数 | | 差异系数 | | 偏差因子 | | 显著性计数 | |
| | 受影响前 | 受影响后 | 受影响前 | 受影响后 | 中位数 | C. D. | 中位数 | C. D. |
| 小洪水时间 | 122.00 | 129.00 | 0.02 | 0.05 | 0.04 | 2.33 | 0.05 | 0.04 |
| 小洪水频率 | 1.00 | 0.50 | 1.00 | 2.00 | 0.50 | 1.00 | 0.41 | 0.00 |
| 小洪水上升率 | 6.70 | 9.07 | 1.45 | 0.39 | 0.35 | 0.73 | 0.33 | 0.18 |
| 小洪水下降率 | −4.48 | −5.44 | −0.59 | −0.67 | 0.21 | 0.14 | 0.26 | 0.79 |

**注** 持续时间单位为 d，流量单位为 m³/s，速率单位为 m³/(s·d)。

**表 B. 2　　　　　　　　　湿 周 法 计 算 结 果**

| 水位/m | 面积/m² | 周长/m | 宽度/m | $R$/m | $n$ | 平均流速/(m/s) | $Q$/(m³/s) |
|---|---|---|---|---|---|---|---|
| 0.01 | 0.07 | 7.55 | 7.55 | 0.01 | 0.018 | 0.18 | 0.01 |
| 0.02 | 0.15 | 7.95 | 7.94 | 0.02 | 0.016 | 0.31 | 0.05 |
| 0.03 | 0.23 | 8.34 | 8.34 | 0.03 | 0.016 | 0.41 | 0.09 |
| 0.04 | 0.32 | 8.73 | 8.73 | 0.04 | 0.016 | 0.49 | 0.16 |
| 0.05 | 0.41 | 9.13 | 9.12 | 0.04 | 0.016 | 0.57 | 0.23 |
| 0.06 | 0.50 | 9.52 | 9.52 | 0.05 | 0.016 | 0.64 | 0.32 |
| 0.07 | 0.60 | 9.92 | 9.91 | 0.06 | 0.015 | 0.70 | 0.42 |
| 0.08 | 0.70 | 10.31 | 10.30 | 0.07 | 0.015 | 0.76 | 0.53 |
| 0.09 | 0.80 | 10.70 | 10.70 | 0.08 | 0.015 | 0.82 | 0.66 |
| 0.10 | 0.91 | 11.10 | 11.09 | 0.08 | 0.015 | 0.87 | 0.80 |
| 0.11 | 1.02 | 11.49 | 11.49 | 0.09 | 0.015 | 0.92 | 0.94 |
| 0.12 | 1.14 | 11.88 | 11.88 | 0.10 | 0.015 | 0.97 | 1.11 |
| 0.13 | 1.26 | 12.28 | 12.27 | 0.10 | 0.015 | 1.02 | 1.28 |
| 0.14 | 1.39 | 12.67 | 12.67 | 0.11 | 0.015 | 1.06 | 1.47 |
| 0.15 | 1.52 | 13.07 | 13.06 | 0.12 | 0.015 | 1.10 | 1.67 |
| 0.16 | 1.65 | 13.46 | 13.45 | 0.12 | 0.015 | 1.14 | 1.89 |
| 0.17 | 1.78 | 13.85 | 13.85 | 0.13 | 0.015 | 1.18 | 2.11 |
| 0.18 | 1.93 | 14.25 | 14.24 | 0.14 | 0.015 | 1.22 | 2.35 |
| 0.19 | 2.07 | 14.64 | 14.63 | 0.14 | 0.015 | 1.26 | 2.61 |
| 0.20 | 2.22 | 15.04 | 15.03 | 0.15 | 0.015 | 1.30 | 2.87 |
| 0.21 | 2.37 | 15.42 | 15.42 | 0.15 | 0.015 | 1.33 | 3.16 |
| 0.22 | 2.53 | 15.82 | 15.81 | 0.16 | 0.015 | 1.37 | 3.45 |
| 0.23 | 2.69 | 16.22 | 16.21 | 0.17 | 0.015 | 1.40 | 3.76 |
| 0.24 | 2.85 | 16.61 | 16.60 | 0.17 | 0.015 | 1.43 | 4.09 |

| 水位/m | 面积/m² | 周长/m | 宽度/m | $R$/m | $n$ | 平均流速/(m/s) | $Q$/(m³/s) |
|---|---|---|---|---|---|---|---|
| 0.25 | 3.02 | 17.01 | 16.99 | 0.18 | 0.015 | 1.47 | 4.43 |
| 0.26 | 3.19 | 17.40 | 17.39 | 0.18 | 0.015 | 1.50 | 4.78 |
| 0.27 | 3.37 | 17.79 | 17.78 | 0.19 | 0.015 | 1.53 | 5.15 |
| 0.28 | 3.55 | 18.19 | 18.17 | 0.19 | 0.015 | 1.56 | 5.54 |
| 0.29 | 3.73 | 18.58 | 18.57 | 0.20 | 0.015 | 1.59 | 5.94 |
| 0.30 | 3.92 | 18.98 | 18.96 | 0.21 | 0.015 | 1.62 | 6.35 |
| 0.31 | 4.11 | 19.43 | 19.41 | 0.21 | 0.015 | 1.65 | 6.77 |
| 0.32 | 4.31 | 19.88 | 19.87 | 0.22 | 0.015 | 1.67 | 7.21 |
| 0.33 | 4.51 | 20.34 | 20.32 | 0.22 | 0.015 | 1.70 | 7.66 |
| 0.34 | 4.71 | 20.79 | 20.77 | 0.23 | 0.015 | 1.73 | 8.13 |
| 0.35 | 4.92 | 21.24 | 21.23 | 0.23 | 0.015 | 1.75 | 8.62 |
| 0.36 | 5.14 | 21.70 | 21.68 | 0.24 | 0.015 | 1.78 | 9.12 |
| 0.37 | 5.36 | 22.15 | 22.13 | 0.24 | 0.015 | 1.80 | 9.64 |
| 0.38 | 5.58 | 22.60 | 22.59 | 0.25 | 0.015 | 1.83 | 10.18 |
| 0.39 | 5.81 | 23.06 | 23.04 | 0.25 | 0.015 | 1.85 | 10.74 |
| 0.40 | 6.04 | 23.51 | 23.49 | 0.26 | 0.015 | 1.87 | 11.32 |
| 0.41 | 6.28 | 23.97 | 23.95 | 0.26 | 0.015 | 1.90 | 11.92 |
| 0.42 | 6.52 | 24.42 | 24.40 | 0.27 | 0.015 | 1.92 | 12.53 |
| 0.43 | 6.76 | 24.87 | 24.85 | 0.27 | 0.015 | 1.95 | 13.16 |
| 0.44 | 7.02 | 25.33 | 25.30 | 0.28 | 0.015 | 1.97 | 13.82 |
| 0.45 | 7.27 | 25.78 | 25.76 | 0.28 | 0.015 | 1.99 | 14.49 |
| 0.46 | 7.53 | 26.23 | 26.21 | 0.29 | 0.015 | 2.02 | 15.18 |
| 0.47 | 7.80 | 26.69 | 26.66 | 0.29 | 0.015 | 2.04 | 15.90 |
| 0.48 | 8.06 | 27.14 | 27.12 | 0.30 | 0.015 | 2.06 | 16.63 |
| 0.49 | 8.34 | 27.59 | 27.57 | 0.30 | 0.015 | 2.08 | 17.38 |
| 0.50 | 8.62 | 28.05 | 28.02 | 0.31 | 0.015 | 2.11 | 18.16 |
| 0.51 | 8.90 | 28.50 | 28.48 | 0.31 | 0.015 | 2.13 | 18.95 |
| 0.52 | 9.18 | 28.96 | 28.93 | 0.32 | 0.015 | 2.15 | 19.77 |
| 0.53 | 9.48 | 29.41 | 29.38 | 0.32 | 0.015 | 2.17 | 20.60 |
| 0.54 | 9.77 | 29.86 | 29.84 | 0.33 | 0.015 | 2.20 | 21.46 |
| 0.55 | 10.07 | 30.32 | 30.29 | 0.33 | 0.015 | 2.22 | 22.34 |
| 0.56 | 10.38 | 30.56 | 20.53 | 0.34 | 0.015 | 2.25 | 23.33 |

| 水位/m | 面积/m² | 周长/m | 宽度/m | $R$/m | $n$ | 平均流速/（m/s） | $Q$/（m³/s） |
|---|---|---|---|---|---|---|---|
| 0.57 | 10.68 | 30.81 | 30.78 | 0.35 | 0.015 | 2.28 | 24.35 |
| 0.58 | 10.99 | 31.05 | 31.02 | 0.35 | 0.015 | 2.31 | 25.38 |
| 0.59 | 11.30 | 31.30 | 31.27 | 0.36 | 0.015 | 2.34 | 26.43 |
| 0.60 | 11.62 | 31.54 | 31.51 | 0.37 | 0.015 | 2.37 | 27.50 |
| 0.61 | 11.93 | 31.79 | 31.76 | 0.38 | 0.015 | 2.40 | 28.60 |
| 0.62 | 12.25 | 32.03 | 32.00 | 0.38 | 0.015 | 2.42 | 29.71 |
| 0.63 | 12.57 | 32.28 | 32.25 | 0.39 | 0.015 | 2.45 | 30.84 |
| 0.64 | 12.90 | 32.52 | 32.49 | 0.40 | 0.015 | 2.48 | 31.99 |
| 0.65 | 13.22 | 32.77 | 32.73 | 0.40 | 0.015 | 2.51 | 33.17 |
| 0.66 | 13.55 | 33.01 | 32.98 | 0.41 | 0.015 | 2.53 | 34.36 |
| 0.67 | 13.88 | 33.26 | 33.22 | 0.42 | 0.015 | 2.56 | 35.57 |
| 0.68 | 14.22 | 33.51 | 33.47 | 0.42 | 0.015 | 2.59 | 36.81 |
| 0.69 | 14.55 | 33.75 | 33.71 | 0.43 | 0.015 | 2.61 | 38.06 |
| 0.70 | 14.89 | 34.00 | 33.96 | 0.44 | 0.015 | 2.64 | 39.22 |
| 0.71 | 15.23 | 34.24 | 34.20 | 0.44 | 0.015 | 2.67 | 40.63 |
| 0.72 | 15.58 | 34.49 | 34.44 | 0.45 | 0.015 | 2.69 | 41.94 |
| 0.73 | 15.92 | 34.73 | 34.69 | 0.46 | 0.016 | 2.72 | 43.28 |
| 0.74 | 16.27 | 34.98 | 34.93 | 0.47 | 0.016 | 2.74 | 44.64 |
| 0.75 | 16.62 | 35.22 | 35.18 | 0.47 | 0.016 | 2.77 | 46.01 |
| 0.76 | 16.97 | 35.47 | 35.42 | 0.48 | 0.016 | 2.79 | 47.41 |
| 0.77 | 17.33 | 35.71 | 35.67 | 0.49 | 0.016 | 2.82 | 48.83 |
| 0.78 | 17.69 | 35.96 | 35.91 | 0.49 | 0.016 | 2.84 | 50.26 |
| 0.79 | 18.05 | 36.20 | 36.16 | 0.50 | 0.016 | 2.87 | 51.72 |
| 0.80 | 18.41 | 36.45 | 36.40 | 0.51 | 0.016 | 2.89 | 53.20 |
| 0.81 | 18.77 | 36.68 | 36.63 | 0.51 | 0.016 | 2.91 | 54.71 |
| 0.82 | 19.14 | 36.91 | 36.86 | 0.52 | 0.016 | 2.94 | 56.25 |
| 0.83 | 19.51 | 37.15 | 37.10 | 0.53 | 0.016 | 2.96 | 57.80 |
| 0.84 | 19.88 | 37.38 | 37.33 | 0.53 | 0.016 | 2.99 | 59.37 |
| 0.85 | 20.26 | 37.61 | 37.56 | 0.54 | 0.016 | 3.01 | 60.96 |
| 0.86 | 20.63 | 37.85 | 37.79 | 0.55 | 0.016 | 3.03 | 62.58 |
| 0.87 | 21.01 | 38.08 | 38.02 | 0.55 | 0.016 | 3.06 | 64.22 |
| 0.88 | 21.40 | 38.31 | 38.26 | 0.56 | 0.016 | 3.08 | 65.87 |

| 水位/m | 面积/m² | 周长/m | 宽度/m | R/m | n | 平均流速/（m/s） | Q/（m³/s） |
|---|---|---|---|---|---|---|---|
| 0.89 | 21.78 | 38.54 | 38.49 | 0.57 | 0.016 | 3.10 | 67.55 |
| 0.90 | 22.17 | 38.78 | 38.72 | 0.57 | 0.016 | 3.12 | 69.25 |
| 0.91 | 22.55 | 39.01 | 38.95 | 0.58 | 0.016 | 3.15 | 70.97 |
| 0.92 | 22.94 | 39.24 | 39.18 | 0.58 | 0.016 | 3.17 | 72.71 |
| 0.93 | 23.34 | 39.48 | 39.42 | 0.59 | 0.016 | 3.19 | 74.47 |
| 0.94 | 23.73 | 39.71 | 39.65 | 0.60 | 0.016 | 3.21 | 76.26 |
| 0.95 | 24.13 | 39.94 | 39.88 | 0.60 | 0.016 | 3.23 | 78.06 |
| 0.96 | 24.53 | 40.17 | 40.11 | 0.61 | 0.016 | 3.26 | 79.89 |
| 0.97 | 24.93 | 40.41 | 40.34 | 0.62 | 0.016 | 3.28 | 81.73 |
| 0.98 | 25.34 | 40.64 | 40.58 | 0.62 | 0.016 | 3.30 | 83.60 |
| 0.99 | 25.74 | 40.87 | 40.81 | 0.63 | 0.016 | 3.32 | 85.49 |
| 1.00 | 26.15 | 41.11 | 41.04 | 0.64 | 0.016 | 3.34 | 87.40 |
| 1.01 | 26.56 | 41.34 | 41.27 | 0.64 | 0.016 | 3.36 | 89.34 |
| 1.02 | 26.98 | 41.57 | 41.50 | 0.65 | 0.016 | 3.38 | 91.29 |
| 1.03 | 27.39 | 41.80 | 41.74 | 0.66 | 0.016 | 3.40 | 93.27 |
| 1.04 | 27.81 | 42.04 | 41.97 | 0.66 | 0.016 | 3.42 | 95.27 |
| 1.05 | 28.23 | 42.27 | 42.20 | 0.67 | 0.016 | 3.45 | 97.29 |
| 1.06 | 28.66 | 42.50 | 42.43 | 0.67 | 0.016 | 3.47 | 99.33 |
| 1.07 | 29.08 | 42.74 | 42.66 | 0.68 | 0.016 | 3.49 | 101.40 |
| 1.08 | 29.51 | 42.97 | 42.90 | 0.69 | 0.016 | 3.51 | 103.48 |
| 1.09 | 29.94 | 43.20 | 43.13 | 0.69 | 0.016 | 3.53 | 105.59 |
| 1.10 | 30.37 | 43.43 | 43.36 | 0.70 | 0.016 | 3.55 | 107.72 |
| 1.11 | 30.81 | 43.53 | 43.45 | 0.71 | 0.016 | 3.57 | 110.07 |
| 1.12 | 31.24 | 43.62 | 43.54 | 0.72 | 0.016 | 3.60 | 112.45 |
| 1.13 | 31.68 | 43.71 | 43.63 | 0.72 | 0.016 | 3.62 | 114.85 |
| 1.14 | 32.11 | 43.81 | 43.72 | 0.73 | 0.016 | 3.65 | 117.26 |
| 1.15 | 32.55 | 43.90 | 43.81 | 0.74 | 0.016 | 3.68 | 119.70 |
| 1.16 | 32.99 | 43.99 | 43.90 | 0.75 | 0.016 | 3.70 | 122.16 |
| 1.17 | 33.43 | 44.09 | 43.99 | 0.76 | 0.016 | 3.73 | 124.64 |
| 1.18 | 33.87 | 44.18 | 44.09 | 0.77 | 0.016 | 3.75 | 127.14 |
| 1.19 | 34.31 | 44.27 | 44.18 | 0.78 | 0.016 | 3.78 | 129.66 |
| 1.20 | 34.75 | 44.37 | 44.27 | 0.78 | 0.016 | 3.80 | 132.20 |

表 B. 3　　　　　利用 Tessman 法、FDC 法、7Q10 法、湿周法和

IHA 法评估的环境流量需求　　　　单位：m³/s

| 月份 | 1月 | 2月 | 3月 | 4月 | 5月 | 6月 | 7月 | 8月 | 9月 | 10月 | 11月 | 12月 |
|---|---|---|---|---|---|---|---|---|---|---|---|---|
| Tessman 法 | 7.9 | 9.2 | 15.7 | 15.9 | 15.9 | 15.9 | 14 | 7.7 | 7.4 | 7.1 | 7.6 | 7.6 |
| FDC 法 | 5.61 | 5.61 | 5.61 | 5.61 | 5.61 | 5.61 | 5.61 | 5.61 | 5.61 | 5.61 | 5.61 | 5.61 |
| 7Q10 法 | 5.48 | 5.48 | 5.48 | 5.48 | 5.48 | 5.48 | 5.48 | 5.48 | 5.48 | 5.48 | 5.48 | 5.48 |
| 湿周法 | 7.71 | 7.71 | 7.71 | 7.71 | 7.71 | 7.71 | 7.71 | 7.71 | 7.71 | 7.71 | 7.71 | 7.71 |
| IHA 法 | 4.68 | 5.02 | 6.29 | 11.1 | 19.9 | 19.9 | 10.5 | 6.24 | 6.06 | 6.42 | 5.53 | 5.51 |

# 附录 C 水库缺水量分析结果与灌溉需求设计

表 C.1 灌溉缺水量分析结果（情景Ⅰ）

| | | | | | | | | | | | | | | |
|---|---|---|---|---|---|---|---|---|---|---|---|---|---|---|
| **灌溉短缺分析-电闸口** | | | | | | | | | | | | | | |
| 年份 | 1月 | 2月 | 3月 | 4月 | 5月 | 6月 | 7月 | 8月 | 9月 | 10月 | 11月 | 12月 | 总缺水日 | 缺水月份占比 |
| 1963 | | | | | | | | | | | | | 0 | 0% |
| 1964 | | | | | | | | | | | | | 0 | 0% |
| 1965 | | | | | | | | | | | | | 0 | 0% |
| 1966 | | | | | | | | | 12 | 31 | 30 | | 73 | 20% |
| 1967 | | | | | | | | | | | | | 0 | 0% |
| 1968 | | | | | | | | | | | | | 0 | 0% |
| 1969 | | | | | | | | | | | | | 0 | 0% |
| 1970 | | | | | | | | | | | 29 | | 29 | 0% |
| 1971 | | | | | | | | | 25 | 31 | 30 | | 86 | 24% |
| 1972 | | | | | | | | | | | | | 0 | 0% |
| 1973 | | | | | | | | | | | | | 0 | 0% |
| 1974 | | | | | | | | | | | | | 0 | 0% |
| 1975 | | | | | | | | | | | | | 0 | 0% |
| 1976 | | | | | | | | | | | | | 0 | 0% |
| 1977 | | | | | | | | | | | | | 0 | 0% |
| 1978 | | | | | | | | | | | | | 0 | 0% |
| 1979 | | | | | | | | | | | | | 0 | 0% |
| 冬季 | | | 春季 | | | 夏季 | | | 秋季 | | | | 平均值 | 3% |
| | | 3月21日 | | | 6月22日 | | | 9月23日 | | | 12月22日 | | | |

缺水和不缺水月份占比/%

| | | | | | | | | | | | | |
|---|---|---|---|---|---|---|---|---|---|---|---|---|
| 0.0 | 0.0 | 0.0 | 0.0 | 0.0 | 0.0 | 0.0 | 0.0 | 7.3 | 12.2 | 17.5 | 0.0 | 缺水月份占比 |
| 100.0 | 100.0 | 100.0 | 100.0 | 100.0 | 100.0 | 100.0 | 100.0 | 92.7 | 87.8 | 82.5 | 100.0 | 不缺水月份占比 |

表 C. 2　　　　　　萨尔玛大坝发电厂平均发电量（情景Ⅰ）

| 参　　数 | 平均值 | 最大值 | 最小值 |
|---|---|---|---|
| 发电效率 | 0.9 | 0.9 | 0.9 |
| 电力水头/m | 74.8 | 101.2 | 0.0 |
| 水力损失/m | 0.0 | 0.0 | 0.0 |
| 每时段产生的电量/（MW·h） | 513.3 | 1008.0 | 0.0 |
| 产电量/MW | 21.4 | 42.0 | 0.0 |
| 工程设备利用率/% | 50 | 100 | 0.0 |
| 发电流量/（m³/s） | 30.3 | 63.0 | 0.0 |

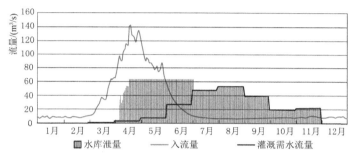

图 C. 1　水库灌溉供水量结果［情景Ⅲ，正常年份（1977 年）］

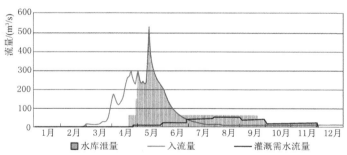

图 C. 2　水库灌溉供水量结果［情景Ⅲ，丰水年份（1975 年）］

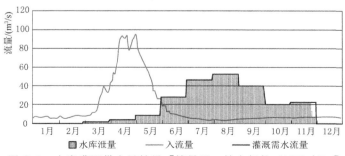

图 C. 3　水库灌溉供水量结果［情景Ⅲ，枯水年份（1971 年）］

附录 C　水库缺水量分析结果与灌溉需求设计

表 C.3　　　　　　　　　　灌溉缺水量分析结果（情景Ⅲ）

灌溉短缺分析-电闸口

| 年份 | 1月 | 2月 | 3月 | 4月 | 5月 | 6月 | 7月 | 8月 | 9月 | 10月 | 11月 | 12月 | 总缺水日 | 缺水月份占比 |
|---|---|---|---|---|---|---|---|---|---|---|---|---|---|---|
| 1963 | | | | | | | | | | | | | 0 | 0% |
| 1964 | | | | | | | | | | | | | 0 | 0% |
| 1965 | | | | | | | | | | | | | 0 | 0% |
| 1966 | | | | | | | | | | | | | 0 | 0% |
| 1967 | | | | | | | | | | | | | 0 | 0% |
| 1968 | | | | | | | | | | | | | 0 | 0% |
| 1969 | | | | | | | | | | | | | 0 | 0% |
| 1970 | | | | | | | | | | | | | 0 | 0% |
| 1971 | | | | | | | | | | | 5 | | 5 | 1% |
| 1972 | | | | | | | | | | | | | 0 | 0% |
| 1973 | | | | | | | | | | | | | 0 | 0% |
| 1974 | | | | | | | | | | | | | 0 | 0% |
| 1975 | | | | | | | | | | | | | 0 | 0% |
| 1976 | | | | | | | | | | | | | 0 | 0% |
| 1977 | | | | | | | | | | | | | 0 | 0% |
| 1978 | | | | | | | | | | | | | 0 | 0% |
| 1979 | | | | | | | | | | | | | 0 | 0% |

| 冬季 | | 春季 | | 夏季 | | 秋季 | | 平均值 | 0% |
|---|---|---|---|---|---|---|---|---|---|

3月21日　　　　　　6月22日　　　　　　9月23日　　　　　12月22日

缺水和不缺水月份占比/%

| 0.0 | 0.0 | 0.0 | 0.0 | 0.0 | 0.0 | 0.0 | 0.0 | 0.0 | 0.0 | 0.1 | 0.0 | 缺水月份占比 |
|---|---|---|---|---|---|---|---|---|---|---|---|---|
| 100.0 | 100.0 | 100.0 | 100.0 | 100.0 | 100.0 | 100.0 | 100.0 | 100.0 | 100.0 | 99.0 | 100.0 | 不缺水月份占比 |

表 C.4　　　　　　　萨尔玛大坝发电厂平均发电量（情景Ⅲ）

| 参　数 | 平均值 | 最大值 | 最小值 |
|---|---|---|---|
| 发电效率 | 0.9 | 0.9 | 0.9 |
| 电力水头/m | 79.7 | 101.2 | 0.0 |
| 水力损失/m | 0.0 | 0.0 | 0.0 |
| 每时段产生的电量/（MW·h） | 461.2 | 1008.0 | 0.0 |
| 产电量/MW | 19.2 | 42.0 | 0.0 |
| 工程设备利用率/% | 50 | 100 | 0.0 |
| 发电流量/（m³/s） | 24.7 | 60.5 | 0.0 |

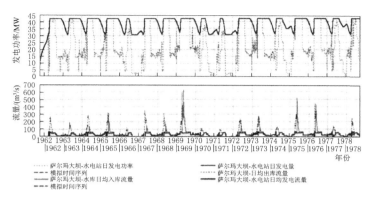

图 C. 4　萨尔玛大坝-水库（水电站）出入库流量及发电量模拟时间序列图（情景Ⅰ）

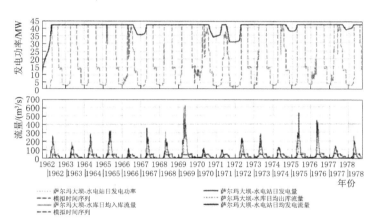

图 C. 5　萨尔玛大坝-水电站发电决策模拟时间序列图（情景Ⅱ）

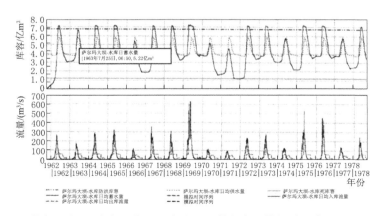

图 C. 6　萨尔玛大坝-水库日均出入库流量及供蓄水量模拟时间序列图（情景Ⅲ）

表 C.5                                          哈里罗德河流域主要支流的灌溉需水量

| 序号 | 河流名称 | 1989年前耕地面积/hm² | 现状实际耕地面积/hm² | 冬季作物面积/hm² | | | | | | 夏季作物面积/hm² | | | | | | | | 总用水需求/10⁶m³ |
|---|---|---|---|---|---|---|---|---|---|---|---|---|---|---|---|---|---|---|
| | | | | 小麦 | 大麦 | 绿豆 | 紫花苜蓿 | 花园 | 大米 | 绿豆 | 棉花 | 西瓜 | 蔬菜 | 大米 | 瓜 | 三叶草 | 花园 | |
| 1 | Gozara | 10500 | 5840 | 2100 | 700 | | 340 | 300 | 400 | | 300 | 1300 | 400 | | | | | 29.3 |
| 2 | Yahia Abad | 9000 | 1980 | 712.8 | 237.6 | | 99 | 99 | 138.6 | | 99 | 435.6 | 118.8 | | | | | 25.1 |
| 3 | Zaman Abad | 500 | 160 | 57.6 | 19.2 | | 8 | 8 | 11.2 | | 8 | 35.2 | 9.6 | | | | | 1.4 |
| 4 | Kambrak | 8500 | 2960 | 1700 | 800 | | 350 | | | | 30 | 55 | 25 | | | | | 23.7 |
| 5 | Ahmad Abad | | 197 | 80 | 12 | | 10 | | | | | 30 | 15 | | 20 | 30 | | |
| 6 | Khosan | 4620 | 1690 | 1050 | | | 200 | 110 | | | 90 | 150 | | | 100 | 100 | | 12.9 |
| 7 | Gondoran | 10000 | 220 | 792 | 264 | | 110 | 110 | 154 | | 110 | 484 | 132 | | | | | 27.9 |
| 8 | Ju Nau | 8240 | 1812.8 | 652.608 | 217.536 | | 90.64 | 90.64 | 126.896 | | 90.64 | 398.816 | 108.768 | | | | | 23.0 |
| 9 | Injul | 12400 | 2728 | 982.08 | 327.36 | | 136.4 | 136.4 | 190.96 | | 136.4 | 600.16 | 163.68 | | | | | 34.6 |
| 10 | Ghoryan–shabash | 700 | 450 | 100 | | 50 | | | | | 80 | 20 | | | | | | |
| 11 | Ghoryan | 7500 | 4000 | 1600 | 1000 | | 525 | | | | | 800 | 75 | | | | | 20.9 |
| 12 | Shakiban | | 1700 | 800 | 400 | 100 | 200 | | | | | 200 | | | | | | |

续表

| 序号 | 河流名称 | 1989年前耕地面积/hm² | 现状实际耕地面积/hm² | 冬季作物面积/hm² | | | | | | 夏季作物面积/hm² | | | | | | | | 总用水需求/$10^6$ m³ |
|---|---|---|---|---|---|---|---|---|---|---|---|---|---|---|---|---|---|---|
| | | | | 小麦 | 大麦 | 绿豆 | 紫花苜蓿 | 花园 | 大米 | 绿豆 | 棉花 | 西瓜 | 蔬菜 | 大米 | 瓜 | 三叶草 | 花园 | |
| 13 | Mamizak | 6000 | 2500 | 1100 | 500 | 250 | 150 | | | | 200 | 300 | | | | | | | 16.8 |
| 14 | Atishan | 7500 | 5900 | 3000 | 1500 | | 500 | | | 200 | 200 | 500 | | | | | | | 20.9 |
| 15 | Qudus Abad | 200 | 84 | 30.24 | 10.08 | | 4.2 | 4.2 | 5.88 | | 4.2 | 18.48 | 5.04 | | | | | | 0.6 |
| 16 | Tezan | 8800 | 1936 | 696.96 | 232.32 | | 96.8 | 96.8 | 135.52 | | 96.8 | 425.92 | 116.16 | | | | | | 24.6 |
| 17 | Obe – Morghcha | 1100 | 1100 | 600 | 120 | 200 | 180 | | | | | | | | | | | | |
| 18 | Obi Sara Parda | 2500 | 4550 | 2500 | 700 | 300 | 500 | | | | | 250 | | 300 | | | | | 7.0 |
| 19 | Mirasa | 960 | 307.2 | 110.592 | 36.864 | | 15.36 | 15.36 | 21.504 | 15 | 15.36 | 67.584 | 18.432 | | | | | | 2.7 |
| 20 | Larka – Chesht Sharif | | 400 | 150 | | | 50 | | | 15 | | 120 | 10 | 40 | | | 15 | |
| 21 | Sari Yama – Chesht Sharif | 130 | 130 | 50 | | | 25 | | 25 | | | | 10 | | 120 | | 20 | |
| | 合计 | 97220 | 42875 | 19215 | 7177 | 850 | 3640 | 860 | 1210 | 215 | 1380 | 6251 | 1227 | 340 | 120 | 130 | 35 | 271.5 |

71